TSUKUBASHOBO-BOOKLET

暮らしのなかの食と農——㉗

FTAと日本の食料・農業

鈴木宣弘
Suzuki Nobuhiro

筑波書房ブックレット

まえがき

　筑波書房ブックレット「暮らしのなかの食と農シリーズ」は、食と農の問題を読者に分かり易く、手に入れ易い価格で刊行するものです。

　今回で第8回配本となりますが、シリーズ㉔は井上和衛先生による『都市農村交流ビジネス――現状と課題』とし、農村内に起こりつつある都市と農村の交流に生まれている新たなビジネスの現状と課題を、シリーズ㉕は浅井昭三先生による『日本の農産物直売所――その現状と将来』として、日本と世界の直売所の現状を紹介し、問題点を探ります。シリーズ㉖は、田代洋一先生に『食料・農業・農村基本計画の見直しを切る』とし、見直し論議の真相を探ります。シリーズ㉗では、鈴木宣弘先生に『FTAと日本の食料・農業』として、日本の自由貿易協定（FTA）に関する議論について報告いただいております。

　今回のシリーズ発行によって27点となりますが、農業を知り、学ぼうとする人たちには、最適のハンドブックとなっているとの評価も高くなっております。「知は力」といいますが、農を知り、その力を活用するために、皆様の一層のご利用を心から願っています。

2004年8月

　　　　　　　　　　　　　　　　　　　　　　　　筑波書房

目 次

まえがき

はしがき ……………………………………………………………7

1．やむを得ない選択肢 …………………………………………7
(1) 日本は節操がない？　7
(2) FTAの弊害に対する認識　9

2．FTAにおける「国益」とは何か ……………………………13
(1) 誰が利益を得るのか――大変なのは農業だけではない　13
(2) 農業を丸ごとFTAから除外した方が日本の「国益」にかなう？　16
(3) 差別待遇の弊害の最小化――センシティブ品目を除外する正当な根拠　19

3．FTAの障害は何か ……………………………………………20
(1) 農業バッシングは正当か　20
(2) 実は日本農業はFTAに十分含められる　22
(3) 本当の障害は？　24
(4) 「協力と自由化のバランス」の真意は？　27
(5) 日本社会の「混血化」を許容するか否か？　28

4．NAFTAにみるFTAの論点 …………………………………29
(1) GATT24条の意味　30
(2) 米国のFTA戦略の一端　34
(3) 差別的待遇の錯綜　38
(4) メキシコ農業への打撃――米国からのダンピング輸出は正当か　39

(5)　最終製品のゼロ関税と農産物　41
　(6)　迂回輸出は阻止できるか　42
　(7)　小括　43

5．日韓FTAとAU（Asian Union）に向けた具体的検討 ……46
　(1)　日韓FTAと農林水産物をめぐる両国の姿勢　46
　(2)　データに基づく検証　47
　(3)　日韓、そしてアジアとの経済連携強化におけるその他の留意すべき論点　62
　(4)　日韓FTA成立、そしてアジアの連携強化に向けての必要な枠組みと展望　69

6．要約と結論 …………………………………………………75
　(1)　当面のやむを得ない選択としてのFTA　75
　(2)　メキシコとの大筋合意とアジア諸国とのFTA交渉のポイント　76

［付録］ブロック化の弊害 ……………………………………87

補論　FTA進展下のコメ政策改革試案 ………………………88
　1．はじめに　88
　2．いくつかの論点　90
　3．シミュレーションから得られる示唆　94

はしがき

　シンガポール、メキシコに続いて、韓国、タイ、フィリピン、マレーシアといったアジア諸国との自由貿易協定（FTA）締結へ向けての動きが活発化しています。
　全体としてFTA推進の流れは日本全体を覆いつくしています。
　しかし、日本にはバランスを欠いた議論が多いように思います。狭い利害に根ざした一面的な主張を交わしても時間の浪費です。物事には光と影がありますが、その両面を踏まえた上で、率直に対応策を議論してこそ意味があります。
　世の中が一つの方向に加速的に流れ始めたときこそ冷静な分析が必要です。
　本書は、このような視点から、FTA推進と日本の食料・農業をその中でどう取り扱うかについて、バランスのある議論を展開したつもりです。
　本書がFTAと日本の食料・農業の問題を考える上で、参考になれば幸いです。

1．やむを得ない選択肢

(1)　日本は節操がない？

　我が国は、長らくGATT（関税と貿易に関する一般協定）、そしてその後を受けたWTO（世界貿易機関）に基づく多国間の互恵的な貿易交渉を支持し、2国間または地域間の特恵的な自由貿易協

定 (FTA) 締結の動きを批判してきました。しかし、近年の世界的なFTA締結交渉の活発化の中で、急速に方針転換を行い、初めてのFTAを2002年1月にシンガポールとの間で締結し、メキシコとは難航の末、2004年3月に政府間の大筋合意にこぎつけました。現在、韓国、タイ、フィリピン、マレーシアといったアジア諸国との政府間交渉が進行中です。農林水産省の姿勢も、シンガポールとの締結時の「農業セクターを丸ごと除外」から、「農業をセクターとして除外することはない」、「日本から輸出できる品目を探す」といった方向に、積極的なものに変化してきています。

　こうした流れに呼応するように、世界的な経済厚生（経済的満足度）の改善の観点から地域主義の弊害を懸念し、WTOの重要性を主張してきたはずの経済学者の多くが、数年前から急速にFTAの重要性を主張し始めたのには、当初かなり抵抗感がありました。政府がWTO重視からFTA重視に急転換すると、経済学者も呼応してFTAが大事だと主張し始めたのは、経済学や経済学者の信頼性を損ねるのではないかと思えたからです。

　WTOは加盟国・地域が増えてきたことにより対立構造も複雑になり、なかなか進展しなくなってきている一方で、1960年には2つしかなかったFTAが、1990年には30、2003年には184に急増しました。この10年間で世界のブロック化が急速に進行しましたが、これは欧州のEUに対抗して北米が北米自由貿易協定（NAFTA）を形成したことが契機となりました。そして、今は、ではアジアはどうするかという議論が盛んになされています。

　こうして日本はアッという間にFTA(注)の大合唱になりました。何事につけ、流れがある方向に傾きかけると、皆、手のひらを返

したように、All or Nothingで、過去のものを全否定して、まったく別の方向に怒濤のごとく流れるのは、よきにつけ悪しきにつけ、この国の特徴のようです。

(注) ここでいうFTAは、物品の関税やサービス貿易の障壁を撤廃するという狭義のFTAでなく、人、物、金の域内での自由な行き来をめざし、国境及び国内の規制撤廃、各種制度の調和（統一）を図る内容であり、経済連携協定（EPA＝Economic Partnership Agreement）と呼んだ方がより的確かもしれません。

(2) FTAの弊害に対する認識

しかし、まず、我々は歴史を振り返る必要があります。WTOの前身であるGATTは、1929年の米国大恐慌を発端に始まった世界のブロック化と関税引上げの報復合戦、そして最終的にそれが第二次世界大戦を招いた反省から、戦後の1947年に、どの国にも無差別に、相互・互恵的に関税その他の貿易障壁を低減し、多角的に世界貿易を拡大することを基本的精神として設立されましたが、歴史は皮肉なもので、そのWTOの行き詰まり感の中で、FTA締結交渉が活発化し、世界は再び急速にブロック化に向かい始めたのです。したがって、FTAの増加による世界のブロック化（差別待遇の横行）は、歴史を振り返ると不安な要素を抱えています（付録参照）。

農産物には、国家安全保障[注1]、地域社会維持、環境保全等といった多面的機能があることを考慮しますと、各国が一定水準の農業生産を確保する必要があり、WTOであれ、FTAであれ、そのような外部効果を考慮せずに農産物の貿易自由化の利益を単純に

肯定することはできないという特質があります。したがって、貿易自由化を強く推進するというWTOもFTAも、そのまま無条件にそれを農業に適用できない点では同じです。その点をまず踏まえた上で、WTOとFTAを比較した場合のFTAのさらなる問題点を考えてみますと、それは、FTAの持つ「差別性」に起因する弊害です。

　WTOとFTAの基本的な違いは、WTOは世界（加盟国・地域）全体に同じ条件を与えるものであり、FTAは協定を結んだ国のみの間に条件を与えるものであるということ、WTOは関税を「漸次削減していく」というものですが、FTAは関税の「撤廃（＝ゼロ関税）」を基本としている点です。WTOは世界的に「無差別」であるのに対して、FTAはブロック内と外を「差別的」に扱うもので、意図的に競争相手を排除できます。そうして、FTAは、世界的にみた競争力の関係からは起こり得ないような歪曲された貿易の流れを生じさせます。端的な例は、米国がNAFTAではメキシコに対して乳製品をゼロ関税にしてメキシコへの輸出を伸ばし、米豪FTAでは自国より競争力のある豪州に対して乳製品を除外したことが挙げられます。こうした行動は貿易転換（効率的な生産国からの輸入が非効率な生産国のそれに置き換わってしまう）効果を大きくし、その結果世界の経済厚生は低下する可能性があります[注2]。NAFTA成立後、域内貿易比率が高まったことがよく肯定的に言われますが、これはとりもなおさずオセアニアや日本等の非加盟国が閉め出されたことを意味し、FTAの弊害に他ならないのです。また、表1は、日タイFTA、日韓FTAが形成された場合の域内国とその他の国々の経済厚生の変化を示していますが、

表1 日タイFTA、日韓FTAによる他国の損失とセンシティブ品目除外効果

(100万ドル)

	日タイFTA		日韓FTA	
	例外品目なし	センシティブ品目除外	例外品目なし	センシティブ品目除外
中国	-334	-231	-306	-278
香港	-96	-51	-12	-7
日本	373	1,034	750	1,260
韓国	-232	-189	2,021	1,578
台湾	-216	-194	-112	-106
インドネシア	-99	-75	-76	-69
マレーシア	-175	-140	-77	-76
フィリピン	-51	-47	-30	-29
シンガポール	-234	-196	-52	-53
タイ	2,493	1,213	-113	-105
ベトナム	-10	-17	-18	-16
オセアニア	-49	-70	-130	-119
南アジア	-50	-37	-18	-15
カナダ	-9	13	-13	-6
アメリカ	-643	-528	-588	-575
メキシコ	0	11	11	15
中南米	-27	-58	-127	-115
ヨーロッパ	-681	-446	-287	-270
その他	-116	-131	-338	-323

資料：川崎賢太郎氏(東大)のGTAPモデルによる試算。
注：センシティブ品目は、日タイでは米、砂糖、鶏肉。日韓では米、生乳、乳製品、豚肉。
　　モデルの詳細は川崎(2004)参照。

域内国は利益を得ますが、他のほとんどの国は、その弊害で不利益を被ることが如実に示されています。

しかし、当面、(1)FTAの「ハブ」（結節点）になった国（シンガポール、メキシコ）とFTAを結んでいないことにより失う利益（機会費用）の大きさ[注3]、短期的視点だけでなく、長期的にみても、(2)欧州圏や米州圏の統合の拡大・深化に対する政治経済的カウンタベイリング・パワー（対抗力）としてのアジア経済圏構築の必要性は否定し得なくなりつつあります。WTOのカンクン閣僚

会議を前に、仲間と頼りにしていたEUが、日本に何の相談もなく米国との妥協案作りを行ったことは、日本の置かれている国際的発言力を象徴するものでした。EUならぬAU（Asian Union）における日本としての発言力強化という方向が将来的な目標として浮上してきています。

　つまり、FTAの是非の判断基準として、①世界全体の経済厚生、②自国及び域内国の「国益」がありますが、FTAの「差別性」による①世界全体の経済厚生に対する弊害を最小化しつつ、また、食料・農業に特有の重要性を勘案しつつ、②自国及び域内国の「国益」を追求せざるを得ない「背に腹代えられぬ」状況のように思われます。「悪いとわかっていても仲間はずれになると生きていけない、徒党を組んで対抗するしかない」という比喩が適当かもしれません。

(注1) 食料自給の国家安全保障上の重要性については、米国のブッシュ大統領の最近の発言が示唆的です。ブッシュ大統領は、近年、アメリカの農家向けの演説で、食料自給と国家安全保障の関係について、しばしば言及しています。まず、Australian Financial Review誌によると、2001年1月に、「食料自給は国家安全保障の問題であり、それが常に保証されているアメリカは有り難い」(It's a national security interest to be self-sufficient in food. It's a luxury that you've always taken for granted here in this country.)、7月には、FFA (Future Farmers of America) 会員に対して、「食料自給できない国を想像できるか、それは国際的圧力と危険にさらされている国だ」(Can you imagine a country that was unable to grow enough food to feed the people? It would be a nation that would be subject to international pressure. It would be a nation at risk)、さらには、2002年初めには、National Cattlemen's Beef Association会員に対して、「食料自給は国家安全保障の問題であり、アメリカ国民の健康を確保するために輸入食肉に頼らなくてよいのは何と有り難いことか」(It's in our

national security interests that we be able to feed ourselves. Thank goodness, we don't have to rely on somebody else's meat to make sure our people are healthy and well-fed.）といった具合です。まるで日本を皮肉っているような内容です。
（注2）貿易転換効果が現状の産業構造を前提とした静態的な概念であるのに対して、市場の拡大による規模の経済性の実現や競争の促進による生産効率化といった動態的なプラスの効果を重視する傾向が最近は強まっています。しかし、こうしたプラスの効果が差別待遇による貿易歪曲によるロスより大きいことをアプリオリに前提にするのは恣意的な議論です。
（注3）例えば、メキシコでの自動車産業における日本企業の不利な取扱いがあげられます。メキシコはNAFTAだけでなくEUともFTAを結んでいる（メキシコのFTA締結国は32カ国、世界のGDPの60％に及ぶ）ため、アメリカやEU資本の自動車工場は本国からメキシコにエンジンを無税で入れることができますが、日本のエンジンを持って行くと一定の税金（16％程度）がかかります。それで日本の企業のメキシコ工場は競争力を失い、閉鎖され始めました。それに伴い、その部品を作っていた日本の地方都市の下請工場も閉鎖されて、地方経済が深刻な打撃を受けるといった具合です。経済産業省の試算によるとメキシコとのFTAが遅れることによる逸失利益は毎年4,000億円。なお、経済産業省の試算によると、中アセアンFTAが先にできて日本が閉め出された場合の損失は、3,600億円のGDPの減少と5万人の雇用減少。米アセアンFTAができて日本が閉め出された場合の損失は、4,600億円のGDPの減少と6万人の雇用減少。アセアン諸国に対する米・中・日の覇権争いに負けてはならないという発想です。

2．FTAにおける「国益」とは何か

(1) 誰が利益を得るのか――大変なのは農業だけではない

　WTOは、無差別原則に反するFTAを、GATT24条で例外的に認めていますが、その究極的な意味合いは、「国同士が合併して一国になるならやむを得ない」ということです。隣接しているアジ

アと日本にはそうした可能性がないわけではありません。

とりわけ、東アジアに隣接した九州は、すでに韓国や中国沿岸部と国をまたがる地域経済圏を形成しつつあり、国境がジャマになってきています。東京へ行くより韓国や中国沿岸部に行く方が近い九州にとって、国内市場が飽和状態の中で、人口が多く、所得向上が進む韓国や中国沿岸部は、今後の日本の高品質製品・産物の市場として極めて有望です。そのためには、国境があるために生じている関税その他の制度的制約が撤廃されて、また、知的所有権制度等の様々な制度が調和（統一）されれば、国内で行うのと変わりなく同じ条件でビジネスが可能になるメリットは大きいでしょう。「海賊版」（いわゆる"ナンチャッテ"商品）になやまされることもなくなります。また、投資に関する規制もなくなれば、現地生産比率もさらに高めることができ、我が国の最大のネックである人件費の問題もいっそう解決されます。

以前は、ある産業は日本立地が有利で、ある産業は中国立地が有利というように、丸ごと産業単位での立地論が展開されてきましたが、いま東アジアで起こっている国際分業はそうではなくなってきています。最近、日本企業は、ある産業分野の製品製造を丸ごとどこかに移すというのではなく、完成品になるまでの製造工程をいくつもの生産ブロックに分解し、高度技術者の必要な部分、安価な単純労働にまかせたのが効率的な部分というように、それぞれの工程を最も適した環境のアジア各国に割り振って、分散的に生産しています（慶応大学の木村福成教授がフラグメンテーションとして紹介しています）。この場合、分散立地した工程を結びつけるためのサービス・リンク・コスト（輸送費、通信費、

図1 自動車産業のアジア・ワイドのフラグメンテーション

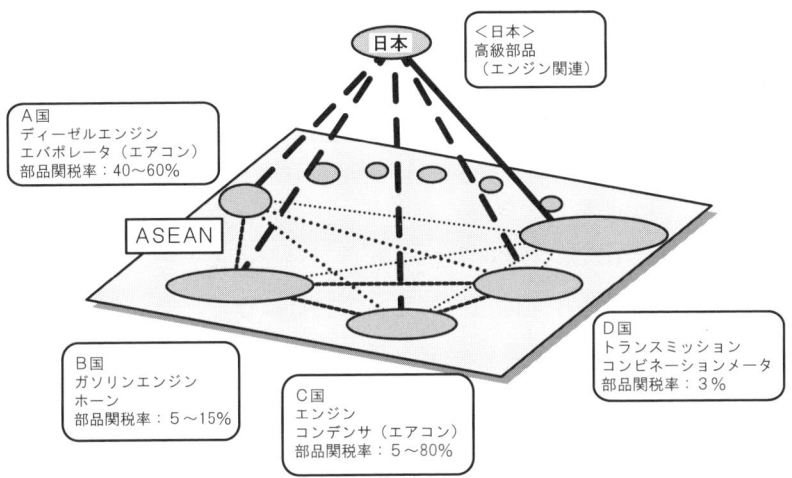

資料：経済産業省作成。

他の様々な取引費用、制度的制約等）を節減することが非常に重要で、FTAの締結はその節減に極めて有効です（木村、2000）。アジア・ワイドでのフラグメンテーションの進展下では、個別の二国間のFTAでは不十分で、東アジア全体が共通市場化することがサービス・リンク・コスト節減の要件になってきます（**図1**）。

　日本産業の空洞化への懸念もありますが、いまアジアで進んでいる状況の場合、全工程がゴッソリ外国に行ってしまうわけでなく、フラグメンテーション（分散立地）になっていますので、日本にも、日本にふさわしい部分（一番の強み＝コア・コンピタンス）が残される形で完全な空洞化は回避される可能性があります。日本の製造業は、いまや「製造業」という言葉がふさわしくなく、

サービス・ノウハウ・技術開発といった部分が日本に残り、単なる「ものづくり」は海外拠点に移っていくという見方もあります。

　では、地場の中小企業にそのようなことが可能なのでしょうか。FTAで直接目に見えた利益を得るのは、輸出や海外進出をしている大手自動車、半導体、家電メーカー（とくに自動車についてはアセアン諸国の自動車の関税は完成車で80％、部品も数十％でFTAの利益が非常に大きい）であり、例えば、九州では海外拠点をもつ企業は0.05％（2,000社に1社）しかないように、大半の一般の中小企業にとっては、目に見えた利益はなく、むしろ競争の激化で、いままでどおりの経営を続けていては、経営が悪化する可能性が大きいということに留意する必要があります。これまで、FTAは特に日本の製造業にとってはいいことずくめのようにいわれがちでしたが、端的に言えば、「国益」の相当部分は自動車の利益といっても過言ではないように思います（図1参照）。農業だけが大変なのではなく、また、韓国の中小企業が大変だといわれるのと同じように、実は日本の中小企業も試練に立ち向かわねばならないのです。そのこともきちんと議論されるべきでしょう。都合の悪いことは言わないで人を説得しようとしても不信感が増すだけであり、マイナス面もきちんと示して、それを前向きに克服する対応策を提示して合意形成を図るのが望ましいプロセスでしょう。

(2) 農業を丸ごとFTAから除外した方が日本の「国益」にかなう？

　さらに、農業を含めることが必ずしも輸入国の「国益」に合致

表2 農業分野を含むFTAによる日本の経済厚生の変化

（100万ドル）

シナリオ	経済厚生の変化
日・シンガポール	-69
日・シンガポール・韓国	-63
日・シンガポール・メキシコ	-284
日・シンガポール・韓国・メキシコ	-282
日・シンガポール・韓国・ASEAN4・中国	-3,052
日・米国	-10,730
日・中国	-1,324

資料：堤・清田(2002)。
注：数字は農業を含まないFTAと比較した経済厚生の差。

するとはかぎりません。浦田秀次郎教授（早稲田大学）らのシミュレーションでみるかぎり、農業セクターをFTAの対象から除外した方が、少なくとも日本にとっては経済厚生が高まるケースがすべて（表2）であり、戦略的には、農業セクターを、できるかぎりFTAに含めない方が日本の「国益」に合致する可能性には留意する必要があります。表2からは、日本が含まれるすべてのケースについて、農業を含めると、日本にとってのFTAの便益が減少することが読みとれます。とりわけ、日米FTAという想定では、農業を含めると、そうでない場合よりも約1兆円もの日本の経済厚生（利益）が減少するという試算結果となっています。

　これは、浦田先生が中心に進められているプロジェクトの成果の一つとして出された堤・清田（2002）によるものです。これをベースにして出版された浦田（2002）には、農業分野を除いたシミュレーションのみが示されています。

　農業の市場開放が日本の経済厚生を低めるという試算結果が得られるのは、何かモデルがおかしいわけではなく、実は合理的で、

かなり現実的であることに注意が必要です。通常、生産者余剰（利益）が減少しても、それを上回る消費者余剰（利益）の増加があるから総余剰（利益）はプラスになると考えられがちですが、自由化による関税収入の減少額がそれを上回るなら、総余剰は減少します。国際農産物市場は、輸入国の関税だけでなく、輸出国側の輸出補助金により低く歪曲されているため、保護削減が行われると、保護によって歪曲されていた国際価格の上昇が大きいため、こうした事態が生じる可能性は相対的に高いのです(注)。

(注) 端的な例を示しましょう。世界が日本と米国の二国から形成され、生産物はコメのみとします。輸送費は無視します。
　　　日本のコメ需要関数　　D＝1530－17P
　　　日本のコメ供給関数　　S＝155＋33P
　　　米国のコメ需要関数　　Dw＝850－20P
　　　米国のコメ供給関数　　Sw＝25＋40P
　　（ここで、D,Dwは日米のコメ需要量、S,Swは日米のコメ供給量、Pはコメ価格、需要・供給量の単位は万トン、価格の単位は万円／トン）とします。まったく保護がない場合、国際（輸出・輸入）価格も国内価格も20万円／トンです。いま、日本のみ、輸入関税を従量税で10万円／トン課した場合の均衡は、米国の国内価格、輸出・輸入価格は15.45万円／トン、日本の国内価格は25.45万円／トンです。この場合、日本が関税撤廃すると、消費者余剰の増加が関税収入の減少を279億円上回り、日本の厚生はやや改善します。しかし、いま、日本の輸入関税10万円／トンだけでなく、米国が輸出補助金10万円／トンを課している場合の均衡を考えると、米国の国内価格20万円、輸出価格10万円、日本の輸入価格10万円、日本の国内価格20万円／トンです。双方の措置が撤廃されても、両国の国内価格は変わらないので、日本にとっては、消費者余剰の増加はなく、関税収入の減少額3,750億円が、そのまま市場開放による経済厚生の損失になります。なお、このケースの場合、世界全体の経済厚生は、世界が保護を完全に撤廃しても、まったく変化しない点にも注意して下さい。もちろん、貿易転換による輸入価格の上昇によっても同様の事態が生じる可能性があります。

(3) 差別待遇の弊害の最小化――センシティブ品目を除外する正当な根拠

FTAの推進に当たっては、その差別待遇による弊害を最小化する努力が必要です。そのためには、高関税品目をFTAに含めないか、最小限の開放にとどめることが、実は正しい選択なのです。

なぜなら、現状の国境措置が大きい場合には、それを、FTAを締結した一国のみに自由化すると、差別待遇の程度が最大化され、その他の国の不利益が大きくなり、貿易を大きく歪曲することになります。すなわち、現状の国境措置が大きい品目は、例外にするか、自由化の程度を小さくするという措置を採らないと世界全体として経済厚生が低下したり、輸出市場を失う国々からの反発が強まります。また、通常、輸入国日本は、農産物関税を低めれば、生産者の利益は損なわれても、消費者の利益がそれを上回り、国全体としては利益になると考えられがちですが、必ずしもそうではないことも上述のとおりです。

先の**表1**においても、日タイFTA、日韓FTAからセンシティブ品目（高関税の農畜産物の何品目か）を除外すると、域外国の不利益が総じて緩和されること、加えて、日本との相手国であるタイ、韓国の利益は減少するが、日本の「国益」は高関税の農畜産物を除外することによって低まるのではなく、高まることが示されています。つまり、高関税の農畜産物を除外することは、日本農家のエゴのためでなく、消費者も含めた日本全体の「国益」になること、かつ域外国の「国益」にもなることに注意が必要です。

なお、後にも議論するように、FTAの「差別性」の弊害に対処

して、できるかぎり多くの品目をFTAに含めるべきとするのがGATT24条です。しかし、それを忠実に実施する、つまり、高関税品目もFTAに含めてしまうと、逆に貿易転換が大きくなり、「差別性」の弊害の最小化に逆行するという自己矛盾を抱えているのがGATT24条です。

3．FTAの障害は何か

(1) 農業バッシングは正当か

　しかし、かりに農業を含めないことが、日本の少なくとも短期的な「国益」にかなうとしても、相手国が農産物に関心が高い以上、FTA締結の必要性に鑑みれば、日本にとって農業を含めないFTAは不可能です。我が国政府、農林水産省は農業全体をセクターとして除くことはもはや考えていません。確かに、シンガポールとのFTAでは実質無税の500品目弱の農産物を含めただけなので、実質的には、何も含めなかったことになります。したがって、これをもって「農業を含めた」と説明するのは、一般国民や交渉相手国に極めて不信感を与えるので、やめるべきです。実際、日韓FTAの産官学合同研究会でも、そういう場面がありました。

　そして、日本に対して、韓国内には日本が農産物について何も譲歩しないだろうから日韓FTAは成功しないとの懸念が大きいことも表明されています。そうした懸念は、最近の農林水産省の、とりわけ韓国とのFTAに関する積極的な姿勢からすると誤解です。こうした誤解は、FTA交渉の相手国だけでなく、日本国内にもみ

られます。新聞紙上等では、「農業が障害になってFTAが進まない」と頻繁に批判を受け、極めつけは、昨年のメキシコとのFTA交渉決裂を受けての小泉総理の「農業鎖国は許されない」との発言でした。大半の農産物の関税はすでに低く、世界で最も自給率が低い最大の農産物輸入国が「鎖国」とは、まったく事実に反するのは確かですが、それにもかかわらず、「農業サイドの抵抗で国民の利益が失われている」といった認識が広がれば、日本農業にとって必要な対策さえも国民の理解を得られなくなる危険があります。

　今回の日墨FTAの決着で、メキシコ側が鉄鋼や自動車の日本からの開放要求を拒むために、あるいは鉄鋼や自動車開放の交換条件として、日本の農産物への開放要求を大きくして対抗していたこと、日本側の鉱工業品分野でも皮革の開放を拒否し続けてきたこと等が明らかになり、これまでなされた我が国の農業分野の抵抗で国益が損なわれているといった報道がいかに一面的であったかも見えてきました。なぜ、もっと早い時点から交渉の全体像が正確に伝えられなかったのか、疑問が残るところです。

　なぜこうなるのでしょうか。誤解が生じるのは説明が不足しているということです。「寝た子を起こさず、ぎりぎりまで先送りして知らせない」手法は、BSEで破綻したことを忘れてはなりません。FTAの重要性とその中に農産物を組み込む戦略・方針をきちんと関係者及び国民に説明し、必要な対策を議論し理解を得るべきであり、なし崩し的に譲歩していく形は、農家等の農業関係者には不安を増幅し、農外の人々には農業の抵抗を印象づけてしまうことになり、二重の意味でマイナスです。農水省も努力していますが、農業サイド全体でデータに基づくオープンな議論を早い

段階から農業関係者はもちろん、農外の人々とも、相手国とも行うべきでしょう。

　なお、オファーのタイミングという点で、中国に学ぶべき点もあります。中国はアセアン諸国に対して、FTA推進のために、痛みの多い農産物関税の撤廃を自ら率先して提案したこと（アーリー・ハーベスト）が、日本との姿勢の違いとして、よく指摘されます。しかし、実は、中国が提示した品目は、ほとんど中国に痛みのない、むしろ中国の輸出品目だったりで、中国にとってのセンシティブな品目は含まれていないのです。痛みのないものだけを出して、しかし、積極的な姿勢を印象付けるのに成功したというのは、確かに、日本とは違う交渉力があると評価されましょう。

(2)　実は日本農業はFTAに十分含められる

　農業を十分に含んだFTAは、実は可能なのです。すでに、メキシコとのFTAでは、最大限の努力がなされました。メキシコとの交渉で採られた方式が今後の日本の基本的な方針になると考えられます。つまり、すでに関税が低く競争にさらされている多くの品目は関税撤廃に応じ、残されたセンシティブな品目を守るということです。

　メキシコは、豚肉の純輸入国であり、EUとのFTAでは、豚肉をFTAの例外品目として除外し、最近では、米国からの豚肉輸入急増に対処して、アンチダンピング課税が検討されています。しかし、我が国のメキシコからの農産物輸入の約半分は豚肉であり、FTAの常として、日本に対しては「勝てる」ということで、豚肉

が先方の最大の関心品目となりました。豚肉の他には、生鮮野菜（かぼちゃ、アスパラガス等）、アボガド、メロン、コーヒー豆等の野菜・果実類が主な輸入品目であり、メキシコは、交渉の過程で、肉類、野菜、果実・ジュース、砂糖、酒・タバコ等、500品目弱の関税撤廃要求リストを出してきました。これに対して、我が国は、豚肉を除外する一方、野菜、果実、卵、コーヒー、植物油等、要求された500品目弱のうち約300品目の関税撤廃に応じました。これは、豚肉を除いたメキシコからの農産物輸入額の90％以上（豚肉を含めた場合は40％強）にあたります。最終的には、豚肉については、差額関税制度は残すが、メキシコからの輸入の8万トンまでは、現行の4.3％でなく2.2％の低関税を適用する「メキシコ向け低関税輸入枠」（8万トンは輸入義務ではない）を設定するとの譲歩案で決着しました。日本への豚肉輸出で競争力のあるデンマークと米国は、貿易転換効果の犠牲になりたくないということで、メキシコに対して豚肉を開放しないよう日本に働きかけていましたので、米国などから同様の枠を設けるよう要求される可能性はあります。しかし、差額関税制度が残り、多少関税率が低いアクセス機会を提供するという譲歩で決着できたことは、豚肉については、打撃は最小限に食い止められたと評価されます。オレンジ・ジュースの関税半減（25.5％→12.8％）枠設定は、関税引き下げ幅がそれなりに大きいので、やや影響が懸念されますが、牛肉、鶏肉、オレンジ生果については、当面の無税枠は10トンと極めて小さいので問題はありません。ただし、その後設ける低関税枠の関税率は再協議する形で先送りされたので、影響の度合は再協議如何によります。総じて影響を最小限にして多くの農産物

をFTAに組み込むことに成功したといえましょう。

　実は、我が国の場合、農産物の平均関税が12%という事実からもわかるように、コメ、乳製品、肉類といった最もセンシティブな高関税品目を除くと、野菜の3％に象徴されるように（だから野菜のことを気にしなくてよいという意味ではありません）、他の農産物関税はそれほど高くありません。例えば、UR合意で関税割当が適用されたセンシティブ品目の枠外税率（重量税）を%換算すると、コメ490%、小麦210%、大麦190%、脱脂粉乳200%、バター330%、でん粉290%、雑豆460%、落花生500%、こんにゃく芋990%、生糸190%程度であり、差額関税（409.9円／kgと輸入価格との差額を徴収）が適用される豚肉については、実質関税は65%程度と試算されます（4.3%というのは分岐点価格を越える輸入についてのみですから、豚肉関税は4.3%で低いというのはミスリーディング）。これらを除いただけでも、残りの品目の平均関税は、10%未満となります。言い換えれば、多くの野菜等は、FTA以前の問題として、すでに、韓国や中国との激しい競争にさらされています。したがって、最もセンシティブな品目群を除外した上で、かなり多くの品目を関税撤廃対象に含めた形にすることは不可能ではないという事情があります。つまり、例外がつくりやすいという点では、WTOよりもFTAの方が対応しやすい側面もあるということです（ただし、関税の相対的に低い品目を簡単に犠牲にしてよいという意味ではありません）。

(3)　本当の障害は？

　FTAの産官学共同研究会等では、農林水産省は、外務、経産、

財務各省とともに、共同議長を務め、農業分野について、できるかぎりの努力を行う旨発言し、誠意をもって、建設的に議論に参加しました。この誠意ある姿勢と、上で述べたように、実はかなりの品目を含むことは可能であるという点からして、農業分野は、FTA推進の障害ではありません。本当の障害は別にあります。

　例えば、日韓FTAの場合、農産物にかぎらず韓国の関税率は一般に日本より高いので、韓国にとっては、関税よりむしろ、検疫、規格、原産国表示、不明瞭な商慣行等の非関税障壁や、関税が適用されないため様々な制限が設けられているサービス分野等を含む、できるかぎり包括的な両国間の規制緩和を実現することが、日韓FTA成立の不可欠の条件となっています。また、将来的には、EUのような形で、日韓が限りなく一つの国に近づく方向をめざす見方もあり、その意味でも、人の移動も自由な、幅広い包括的FTAが進められることを期待する声があります。この点からも、サービス分野の自由化は重要です。

　では、サービス分野に関する日本の対応はどうでしょうか。金融、教育、法律、運輸、建設、電気通信、医療等に関連するサービスの自由化については、文字どおり、一度も研究会のテーブルにもつかなかった省庁さえあれば、韓国側からの要望に対して、「まったく論外」という印象を与える回答がみられ、韓国側から再三失望感が表明されました。早期本交渉開始を望んでいたのは日本であったのに、奇妙なことです。しかし、研究会の下に韓国側の要望で設けられたNTM（非関税措置）協議会では、日本側から、ある案件について、「気持ちのこもった」回答があり、韓国側も「感動した」との表現で喜びを示してくれたことがあります。交渉

も、結局は、相手を罵倒したり、やりこめることで何かを得るのではなく、こうした誠意を示しつつ理解し合うことが問題解決の近道であることを実感しました。ほんの少しの前向きの姿勢と措置が、相手国にとっても日本から引き出した成果として報告でき、実は日本もほとんど困らないことなのに、それがなかなか言えないという実態があります。

　また、日本の官僚は、たいへん優秀ですが、その裏腹として、原則論、形式論にややこだわりすぎて、また慎重になるため、「血の通った」印象が薄れてしまいがちです。やはり、交渉でも「心と心の」対話が必要です。象徴的だったのは、韓国側が、ある要望を研究会で述べた、という事実を共同報告書に記してほしいといっているだけで、日本側が同意した、とは一切書かないのに、それさえだめだといって、産官学研究会の共同報告書の詰めの作業が空転したことです。しかも、その担当の省は出席していなかったのです。包括的FTAは、案件がすべての省庁に関係するので、狭い省益に縛られているバラバラな省庁が一緒にテーブルにつきますが、大局的に最終判断のできる強い権限を付与された統括的通商交渉機関がないことの弱みはかなり深刻です。

　なお、韓国側からの要望事項について、それは民間の商慣行であり、政府は口を出せないという回答が日本側からよくあります。ただし、これは、「政府の役割」を否定する自己矛盾的側面もあり、注意が必要です。とりわけ、競争制限的行為により海外企業が締め出されている可能性については、訴えがなくとも、疑わしきは、積極的に調査する姿勢も必要です。

　もう一つ難しいのは、韓国の中小企業が打撃を受けるという懸

念に対する対応です。中小企業への影響を心配して日韓FTAに消極的な韓国国内世論に配慮して、韓国側は、日本に韓国中小企業への技術協力やそのための基金の出資を求めていますが、日本側は拒否しています。確かに、日本政府がお金を出して対応すべき問題ではないというのは正論かもしれませんが、問題の政治性を考えると、かたくなな対応はFTA推進の障害となり、結局日本も利益を失う可能性を考慮する必要があります。最近は、中小企業のみならず、三星、LG、現代といった大企業までも日韓FTAに及び腰になってきているといわれ、事態は深刻です。

　アセアン諸国とのFTAでも各国からの協力（援助）要請にどれだけ日本が応えられるかがFTA推進の前提条件になってきています。それは「協力と自由化のバランス」で表現されます。

(4)　「協力と自由化のバランス」の真意は？

　東南アジア諸国とのFTAでは、「協力と自由化のバランス」がキーワードになっています。とりわけ、東南アジア諸国の中でも我が国への最大の農産物輸出国であるタイは、早くから、コメ、砂糖、デンプン、鶏肉を最重要関心品目として挙げつつ、「協力と自由化のバランス」を強調しています。これは、日本の農家に迷惑をかけず共存共栄したいと表明しつつ、日本がタイ農村の貧困解消と農業発展に協力をしてくれるなら、コメ、砂糖(注)、デンプン、鶏肉の関税撤廃を緩和する用意があるというものです。一見、理想的で柔軟な姿勢に見えますし、確かに、一方的に打撃を与えるような関係でなく、一致協力して両国の農業発展に資することは重要です。

しかし、注意すべき点が二つあります。一つ目は、タイがいう関税撤廃の緩和の内容です。それは、タイが豪州とのFTAでタイの乳製品の関税撤廃期間を20年としたような関税撤廃までの期間を長期にするということで、あくまで完全例外は認めないとの基本的立場をとっている点には注意が必要です。

　もう一つは協力の中身です。タイにかぎらず東南アジア諸国が日本に期待している「協力」の中身は、要は「資金援助」です。「協力と自由化のバランス」というのは、日本が金銭的援助をどれだけしてくれるかで、自国の工業品の関税撤廃をどれだけ日本に提供するか、あるいは、日本の農産物の関税撤廃を緩やかにしてあげてもよいか、の判断をするから、まず日本がその額を示せ、という姿勢です。日本政府はアセアン諸国の資金援助要請の大合唱に困惑状態のようです。

(注)　コメの国家安全保障上の重要性は論を待たないと思いますが、世界の多くの国々が砂糖貿易に規制を加えていることからもわかるように、砂糖にも同様の重要性が指摘できることに留意して下さい。砂糖の国民一人当り摂取量が7kgを下回ると暴動等が発生し社会不安に陥ることが世界的にデータで確認されているとのことです（農畜産業振興機構における砂糖制度に関する意見交換会での情報）。日本の現在の国産供給はちょうど7kg程度なので、現状の国内生産水準を維持することがナショナル・セキュリティ上不可欠という論拠が成立します。

(5)　日本社会の「混血化」を許容するか否か？

　サービスやそれに伴う人の移動の自由化はアジア各国が日本とのFTAに期待している大きなポイントです。具体的には、韓国やフィリピンから看護師、タイからマッサージ師を派遣したいと

いった要望がありますが、日本側の主管官庁は、まったく聞く耳も持たない対応をしています。アジアとのFTAの本当の障害は実はこのあたりにあります。産業界には「ビジネスは活発化したいが、日本社会の混血化は望まない」といった声もあるように、人の受入れは国民的な合意が必要な大きな社会問題であるにもかかわらず、所管官庁のかたくなな対応にまかされたままで、十分な国民的議論が行われていません。このような状況で政府間交渉が本当に進められるのかが問われています。

　なお、農業サイドで考えてみると、人件費の格差が日本農業とアジア諸国の農産物生産費格差を大きくする最大の要因となっている、つまり、労働力がより自由に移動できるようになれば、アジア各国からの労働力により、日本農業の競争力が強化できる可能性があります。したがって、FTAによる人の移動の自由化を積極的に活用することで日本国農業の担い手不足解消と競争力強化を図るという選択肢もありうるのです。これは、すでに実態的に進みつつある状況の法的・制度的な公的追認の側面もあり、それによって受入れがきちんとした形で促進されることが期待されます。

4．NAFTAにみるFTAの論点

　近年の世界的なFTA締結交渉の活発化の発端となった代表的かつ重要なFTAである北米自由貿易協定（NAFTA）における食料・農業の取扱いを検討することによって、FTAの問題点をより

具体的に示しましょう。

(1) GATT24条の意味

そもそもWTO体制の基本原則は、世界的に「無差別に」貿易の自由化を図ることですから、ブロック内とブロック外を「差別的に」取り扱うことを前提にしたFTAは、WTO原則とは相容れないものですが、GATT24条において、「実質上のすべての貿易について」関税その他の制限的通商規則が協定国間で妥当な期間内に廃止され、かつ域外国に対しては貿易障壁を従前よりも高めてはならないことを条件にFTAの存在を認めています。これは、究極的には「国が合併して一国になる」ならやむを得ないという意味合いと考えられます。

FTAの「差別性」に伴う世界貿易の歪曲性、それによる経済厚生の損失を小さくするという視点からGATT24条をみると、「実質上のすべての貿易について」廃止を条件とした意味は、同じ国が、あるFTAでは乳製品をゼロ関税とし、別のFTAでは乳製品に禁止的高関税を維持する、といった具合に、FTA間で差別的待遇が入り乱れることをせめて回避するためだと解釈されます。有利不利で相手によってFTAに入れる品目を選択するのは、貿易の歪曲度を高める（貿易転換効果を大きくする）ことになるので、これを緩和するのがGATT24条の一つの意図といえます。しかし一方、すでに表1で指摘しましたように、また、後述する豚肉自由化のシミュレーションでも示すとおり、高関税品目で、かつ締結相手国に供給力がある品目をFTAで差別的に当該相手国のみに自由化することは貿易転換効果を大きくするので、むしろFTAから除外

した方が世界的な経済厚生のロスが小さくなる、つまり、GATT24条の忠実な実施がかえって世界の経済厚生を悪化させる可能性にも注意する必要があります(注1)。

実際には、「実質上のすべての貿易」に明確な基準（90％ならいいのか、量・額・品目数等のどれで測るのか等）がないため、関税撤廃の例外品目、10年とか15年といった関税撤廃廃止までの様々な段階的削減のスケジュールを設ける品目が、各FTAによって、品目も方法も様々に入り乱れているのが現状です。WTO通報ベースで2003年に184に達したFTAのどれ一つもGATT24条に整合的かどうかの判断はまだなされていません(注2)。つまり、WTOで認知されたFTAというのはまだないのです。

一応の解釈としては、「貿易額の90％以上、期間は10年以内」というのが、一般的な基準として存在しています(注3)。これに照らすと、近年の世界的なFTA締結交渉の活発化の発端となった代表的かつ重要なFTAであるNAFTAはどうでしょうか。NAFTAは、米国・カナダ・メキシコの三カ国から構成されますが、農業については、三カ国の共通協定ではなく、①米・メキシコ、②米・カナダ、③カナダ・メキシコという三つの二国間協定を寄せ集めただけになっています。

①米・メキシコ間では、両国とも、協定発効（1994年）後即時、5年後（1998年）、10年後（2003年）、15年後（2008年）の4段階に分けて、農林水産物の全品目の関税撤廃が約束されました。例外品目がない点は、完全なFTAですが、15年後という撤廃期間は原則10年を超えています。メキシコ側についてみると、15年後（2008年1月）の撤廃とされたのは、最もセンシティブな品目（ト

ウモロコシ、フリホール豆、粉乳、砂糖、まぐろ、オレンジ・ジュース) で、10年後の2003年1月に撤廃されたのが、それらに次いでセンシティブな品目群 (鶏肉、豚肉、乳製品、麦類、麦芽、りんご、芋、動物油脂等) です。

　関税撤廃までの移行期間には、関税割当制度を適用し、近年の貿易実績量に基づいた無税の輸入枠を設定し、その枠を年3%ずつ拡大する一方、枠を超える輸入には、トウモロコシ198%、フリホール豆128%、粉乳128%、鶏肉268%、豚油282%、大麦128%、ジャガイモ272%というように高関税を課し、それを段階的に削減することとされました。ただし、例えば、豚肉、鶏肉についてみると、2002年に、それぞれ25.2%、49.4%あった関税が2003年にゼロになったように、かなり急激な削減となったものがあり、影響は大きいことが懸念されます。なお、豚、りんご、ジャガイモ、加工コーヒー等については、移行期間中については、特別セーフガード措置 (輸入が急増した場合に一般税率まで戻す仕組み) が認められました[注4]。

　一方、米国側については、15年後 (2008年1月) の撤廃とされたのは、冷凍濃縮オレンジ・ジュース、冬野菜、ピーナッツ、砂糖等で、2003年1月に撤廃されたのが、デュラム小麦、コメ、ライム、乳製品、冷凍イチゴ等です (木村、2003)。

　②米・カナダ間については、例外品目があり、米国側は、乳製品、ピーナッツ、ピーナッツバター、砂糖、砂糖含有品、綿 (農産品1,199品目中約58品目、4.8%)、カナダ側は、乳製品、家禽肉、卵、マーガリン (農産品1,015品目中約35品目、3.4%) です。それ以外については、協定発効 (1994年でなく1989年であることに注

意）後即時、5年後、10年後の3段階に分けて、関税が撤廃されました。

③カナダ・メキシコ間についても、例外品目があり、両国とも、乳製品、家禽肉、卵及び卵製品、砂糖、砂糖含有品（カナダ側で農産品1,041品目中78品目、7.5％、メキシコ側で農産品1,004品目中87品目、8.7％）を対象外としました。それ以外については、協定発効（1994年）後即時、5年後、10年後、15年後の4段階に分けて、関税撤廃が約束されました。

以上のように、移行期間については、一部に15年というものがありますが、農産品における例外品目の割合は10％を下回っており、農産品にかぎった場合も、90％ルールをクリアしています。EUとメキシコのFTAでは、EU側が金額ベースで農産品の19％、メキシコ側が57％を対象外にしているし、EUと東欧、中近東・アフリカ諸国とのFTAでも、農産品の32％～76％が除外されている（農林水産省、2003）ことから、NAFTAは、最も農産品の例外率の低いFTAと位置づけられるでしょう。それだけ、農産物についての影響が大きいということでもあります。とりわけ、例外品目ゼロの米・メキシコ間協定はそうです。なお、三カ国の協定といっても、農産物については三カ国共通でなく、二国間協定がいくつもあるため、約束事項の錯綜は甚だしいものとなっていることがわかります。

（注1）「なお、域内関税の全廃は、資源配分の効率性を向上させる可能性が高い反面、域外向け関税とのギャップを最大にすることから、多角的な貿易障壁削減が伴わなければ貿易転換を引き起こす危険性も高めてしまう恐れがあることに注意してほしい。」（木村・安藤（2002）の117ページ。）

(注2) 現状の貿易額（量・品目）を基準にするのも問題があります。なぜなら、禁止的関税があるため現状の貿易がないような品目が、分母から除外されてしまうからです。
(注3) ただし、「10年以内」というのはWTOにおける1994年の了解事項となっていますが、「90％以上」はEUの提示している基準であって、WTO全体における了解事項ではありません。詳しくは、古川（2004）参照。
(注4) 下記のサイト参照。
http://www.maff.go.jp/kaigai/2003/20030105mexico10a.htm,
http://www.1m.mesh.ne.jp/~apec-go/wto/news/011005_NAFTA_Mexico%20.htm

(2) 米国のFTA戦略の一端

筆者は、NAFTAの締結をめぐって激論が交わされていた1992年から93年にかけて米国に滞在していました。1992年夏に政府間合意が成立したものの、米国議会での批准は、一時は無理かと言われたほど苦戦の末ようやくなされました。最大の論点は、メキシコの安い労賃、緩い就労条件と緩い環境規制を求めて米国企業がメキシコに移り、米国産業の空洞化が起こるという点だったと記憶しています。農業については、労働集約的な野菜・果物についてメキシコの優位が心配されてはいましたが[注1]、総じて、米国農産物のメキシコへの輸出が増加し、米国農業は大きな利益を得ると見込まれていました。したがって、メキシコとの協定は、例外品目なし、という極端な姿になっています。これが、大きな問題を引き起こしつつあることは、後に述べます。

それは、米国にとって最もセンシティブな品目といわれる牛乳・乳製品についても同様でした。世界的にみれば、つまりWTO体制でみれば、米国の酪農の競争力は高くありません。米国の加工原料乳価は100ポンド13ドル（約35円／kg）くらいでしたが、

ニュージーランドや豪州の場合7ドル程度（約20円／kg）です。WTO体制では、米国酪農は、ニュージーランドや豪州からの輸入増加の脅威にさらされます。ところが、NAFTAの3国であれば、一転して、米国の「一人勝ち」なのです（カナダは、NAFTAにおいても、WTOの場合と同様、酪農の競争力がないので、米国に対して牛乳・乳製品の除外（GATT交渉の方を尊重）を強硬に主張し、勝ち取りました）。特に、メキシコの生乳生産は増大する需要をとても満たせない状況が当分続くと見込まれましたので、米国は南西部諸州からの飲用乳輸出も含めて、メキシコへの輸出拡大が期待されました。

　当時、WTOの前身であるGATTのウルグアイ・ラウンド（UR）は、まだ交渉中であり、米国の酪農生産者団体は、ニュージーランドや豪州からの輸入増加を阻止するため、農業調整法22条に基づく輸入数量制限（いわゆるウェーバー）を死守する姿勢を崩していませんでした。しかし、GATT交渉と同時に進んでいたNAFTAの交渉においては、農業調整法22条に基づく輸入数量制限（ウェーバー）を即時撤廃し、ゼロ関税とするという全く正反対の主張をしていたのです。

　皮肉な出来事が最近発生しました。2002年11月、米豪FTAの政府間交渉開始の合意が発表されたのです。これに対して、米国酪農団体は反発しました（農畜産振興事業団の海外駐在員情報2002年11月26日号等参照）。10年前のNAFTAでは、豪州・ニュージーランドを閉め出して「一人勝ち」できることから、率先して大賛成を表明した米国酪農団体でしたが、今回は、完全に立場が逆転しますから、正反対の対応となりました。米国酪農にとって、豪

州・ニュージーランドを閉め出せることこそがFTAの利益なのですから、米豪FTAなどは「もってのほか」ということになりましょう(注2)。酪農にかぎらず、NAFTAでは、FTAとWTO（当時はGATT）との整合性を否定した米国農業界が、今回の豪州とのFTAでは、WTOと歩調を合わせたものでないと受け入れないと主張しました。京都大学の加賀爪優教授によると、米国は、第一段階として、農業部門をそっくりセクターとして除外した米豪FTAを提案したとのことで、これは、我が国が、さすがにそれは困難として、すでに放棄した方式です。こうした動向はFTAの性格の一面をよく物語っています。2004年2月に米豪FTAの政府間合意が成立し、最終的には、農業部門をそっくりセクターとして除外するような形にはなりませんでしたが、やはり、砂糖と酪農は除外されました。報道では、砂糖のみが除外されたように報じられていますが、関税撤廃の約束やスケジュールを設けなかった品目は除外であり、関税割当枠のごくわずかの拡大しか含まれない乳製品については、除外というべきでしょう。

　この実例から端的にわかるように、FTAは、WTO体制、つまり世界的にみた競争力の関係からは起こり得ないような歪曲された貿易の流れを生じさせます。酪農を例にとれば、極端に言えば、米国が各地で、「狙い打ち」的にNAFTAのような形でニュージーランドや豪州の「閉め出し」に成功すれば、本来競争力のない米国酪農が、FTAによるブロック化で大きな利益を得ることができることになります。

（注1）この心配は確かに現実のものとなりました。とくに、生鮮トマトのメ

キシコからの輸入増加でフロリダ州等の農家が打撃を受けたとされています。これは、NAFTAよりもペソ下落が主因と認識されていますが、いずれにしても、輸入急増、価格下落に対するセーフガード措置がないことが、農家の不満となっています。「1996年には、トマト生産者団体の訴えを受けて、米国商務省がアンチダンピング調査を開始したが、最低価格の設定を含む、メキシコ生産者、輸出業者との5年間の合意が成立し、調査は延期された。2002年12月には、調査の延期につき新たな合意が成立している。」（木村（2003）、25ページ。）

（注2）コーネル大学のカイザー教授が、米豪FTAに対する米国酪農団体の立場について、次のようにまとめています。「全米生乳生産者連盟（NMPF）と米国乳製品輸出協会（USDEC）のいずれも米豪FTAに強硬に反対している。彼らは、国際貿易に対する障壁がすべて廃止されていないにもかかわらず、米豪FTAにより、豪州から輸入される乳製品に対する米国の関税割当制度（TRQ）のみを廃止することに反対している。また彼らは、このFTAが米国の利益に反し、米国経済を劇的に悪化させると指摘している。具体的に言えば、米豪FTAは、バター、脱脂粉乳、チェダーチーズ、アメリカン・タイプのチーズ、その他のチーズ、チョコレート調製品及び調製食品の輸入の大幅な増加を引き起こすため、米国における生産者乳価を大幅に引き下げる方向に働くというのがこの二団体の立場である。NMPFのエコノミストの試算によれば、このFTAにより、米国への輸入量が生乳換算で240億ポンド増えるという。これが本当であれば、米国における生乳生産ならびに乳製品製造量の13％が置き換えられてしまい、生産者乳価と酪農家の所得が大きな影響を受ける。さらに、NMPFでは、こうした生産者段階での効果が経済全体に波及すると批判している。生乳生産量の減少が（全米経済規模の）雇用に及ぼす直接ならびに間接的な影響を考慮すると、豪州から輸入される乳製品の増加は、15万人分もの雇用の純減少を引き起こす。さらに、NMPFは、豪州にチャンスを与えた場合、米国の生乳生産量の13％くらい容易に供給できると主張している。豪州の生乳生産にはかなりの生産余力があり、米国のような巨大な市場への自由なアクセスを拡大した場合、向こう10年間に生産量が大幅に伸びる可能性があると見込んでいる。なお、NMPFは指摘していないが、極めて重要な政策上の問題は、米国の乳価支持制度が、豪州とのFTAと両立しうるか、である。答えは単純にノーである。すなわち、輸入が上述の規模で拡大した場合、米国政府は、政治的な許容限度を超えた量の豪州産のバター、粉乳及びチーズを国内支持価格で輸入せざるを得なくなる。豪州とのFTAが機能する唯

一の道は、米国が乳価支持制度を廃止することであるが、今ではその存続は規定路線である。以上を総合して、乳製品は米豪FTAから除外されるだろう。なぜか。米国の視点に立った場合、こうした協定を豪州と一方的に結んでも得るものは何もなく、失うものが極めて多い。米国は豪州産乳製品の洪水に市場を開放することになり、その結果、生産者乳価と酪農家所得が劇的に下落することになる。なによりも、このFTAが機能する唯一の方法が米国の乳価支持制度を同時に廃止することであり、これによって農家所得がさらに不安定化し、減少することになる。最後に、米国の酪農産業は極めて強力な政治的圧力団体であり、こうした団体がほぼ一致してこのFTAに反対していることを考えると、乳製品を含んだ協定が議会で可決される可能性はほとんどない。」(Kaiser, 2003)

(3) 差別的待遇の錯綜

すでにみたように、NAFTAは三カ国の協定といっても、農産物については三カ国共通でなく、3種類の二国間協定からなるため、約束事項の錯綜が甚だしいものとなっています。どの品目を含むかに加えて、様々な移行期間の関税割当のスケジュールが組み込まれています。例えば、米国・メキシコ間の乳製品の場合、粉乳を除いて10年間の関税割当の後に無関税にすることとされました。具体的には、米国はメキシコからのチーズ輸入に対して、当初5,500トンの無関税の輸入枠を設定し、それを超える分については69.5%の関税をかけました。無関税輸入枠は毎年3%ずつ拡大され、関税は10年間のうちにゼロにすることとしました。メキシコは米国からのチーズ輸入に対して、無関税の輸入枠は設定せず、20〜40%の関税を課して、これを10年間にゼロとすることとしました。また、メキシコは米国からの脱脂粉乳輸入に対して、当初40,000トンの無関税の輸入枠を設定し、それを超える分については139%の関税をかけました。無関税輸入枠は毎年3%ずつ拡大され、

関税は10年間のうちにゼロにすることとしました。以上のような具合です。

いずれにしても、原則ゼロ関税を早期に達成するというFTAにおける関税撤廃スケジュールがWTOの関税削減スケジュールとは別にいくつも設定されることになってきます。FTAが「乱立」すると、国境措置の削減に関する国際的約束も混乱することになります。これをコロンビア大学のバグワティ教授は「スパゲティ・ボウル現象」（Panagariya, 2000）と呼びました。差別的な待遇が入り乱れることは、結局、無差別の公平性を追求するWTOの重要性を再認識させる可能性は認識しておく必要があります。

(4) メキシコ農業への打撃 ── 米国からのダンピング輸出は正当か

NAFTA発効後10年目の2003年に、多くのセンシティブ品目の完全な関税撤廃の時期を迎えて、メキシコが揺れました。米国からの安い農産物の洪水がメキシコの貧しい農家の生活を破壊する、という危機感からNAFTA協定の見直しを訴える農民運動が起こったのです。とくに、米国農産物の安さが、実質的な輸出補助金によって可能になったものだという点が問題の一つの焦点です。

例えば、米国のコメの価格形成システムを、日本のコメ価格水準を使ってみてみましょう。ローン・レート1.2万円／俵、固定支払い3千円／俵、目標価格1.8万円／俵とすると、政府（CCC）にコメ1俵質入れして1.2万円借りて、国際価格水準5千円／俵で売った場合、5千円だけ返済すればよく、さらに、固定支払い3千円／俵と、目標価格1.8万円／俵と（ローン・レート＋固定支払い）との差額3千円／俵も支給されます。ローン・レート制度を

使っていない場合は、5千円/俵で売ったら、ローン・レートとの差額7千円/俵が支給されます。つまり、いずれにしても、国際価格水準5千円と目標価格1.8万円の差額が政策的に補填されるのです。大きな輸出補助金であります。ただし、WTO上は、このシステムは、輸出補助金としての削減対象に認定されていません。

こうしたシステムを利用して、メキシコ人の主食ともいえるトウモロコシが、米国の正当な価格競争力を反映していないダンピング価格によって大量に輸入され、メキシコの小農の生活を破壊することが許されていいかどうか、という問題です。

そもそも、NAFTAでは、輸出補助金について、「原則として輸出補助金を使用すべきでないという文言が含まれているものの、これに拘束力はない」(Kaiser, 2003)、といわれており、輸出補助金の使用が曖昧にされています。しかも、上述の米国のコメ等への補助システムでわかるように、WTO上、それは輸出補助金ではないことになっているのです。

今後、FTAで一つ曖昧にされている点として、WTO上「クロ」か「灰色」かにかかわらず、輸入価格をダンピングする実質的な輸出補助機能を有する措置へのFTAにおけるルール化の問題を十分に検討する必要があることを、今回の米・メキシコ間の紛争が浮き彫りにしたといえましょう。関税をゼロにするのに、輸出補助金は実質野放しというのは確かにおかしな話です。

なお、2008年の関税撤廃が予定されているトウモロコシについては、農業団体の要請を受け入れて、現行協定の見直し交渉を米国及びカナダに対して行うことをメキシコ政府は約束しました(木村、2003)。

(5) 最終製品のゼロ関税と農産物

　ゼロ関税で注意しなくてはならないのは、農産物だけでないことも忘れてはなりません。これも乳製品の例ですが、カナダは、先述のとおり、NAFTAにおいても、WTOの場合と同様、酪農の競争力がないので、米国に対して牛乳・乳製品の除外（GATT交渉の方を尊重）を強硬に主張し、勝ち取りました。しかし、これには一つの誤算があったのです。それは冷凍ピザやお菓子といった乳製品を使った最終製品のゼロ関税（1998年から）でした。ピザの例でいうと、高いカナダ産のモツレラ・チーズの需要がなくなってしまうのです。そこで、カナダ政府は、モツレラ・チーズの生産メーカーの要請に応えて、二次加工用のチーズ向け生乳について、特別に安い（米国並み）価格帯をつくりました。菓子製造用乳製品についても同じです。つまり、輸入代替用途に仕向けられる生乳について酪農家は低価格を受け取るのです。この低価格によるロスは、全カナダの酪農家でプールされ、平等に負担されます。輸出競争力確保のための低価格部分も含めて、全体の15％がこの低価格帯（スペシャル・クラス）生乳です。カナダでは、WTOの方は当分大丈夫としても、NAFTAの影響で、メーカーからのスペシャル・クラス生乳の申請が増加すると、この「15％」が次第に拡大し、結局、なし崩し的にカナダの生乳価格が下落する可能性があります。

　このように、中間財に使われる農産物については、最終製品のゼロ関税が、重くのしかかってくることも十分視野に入れておかないといけないのです。

(6) 迂回輸出は阻止できるか

さらには、NAFTAにおいては、例えば米国は、EUからメキシコに輸入された粉乳で生産されたヨーグルトの米国への迂回輸出を阻止する必要があります。そこで、原産地規則として、①原材料輸入時の関税分類が加工過程によって変更されること（関税分類の変更）、または、②財の取引価格に基づいた現地調達率が60％以上、または、③財の純費用に基づく現地調達率が50％以上、が「北米産」と認める基準として採用されました(注)。

比較として、日シンガポールFTAでは、「関税分類変更基準」（関税分類が大幅に変更されれば、当該国製品とみなす）を原則として、一部品目に「付加価値基準」の選択的適用を認め、当該商品価格の60％以上がシンガポールで付加された価値なら、シンガポール産と認めることになっています。60％というのは、比較的高いハードルです。豪・ニュージーランドFTAでは50％、シンガポール・ニュージーランドFTAでは40％です（山本、2003）。

このように、FTAによって、原産地規則もまちまちであり、FTAの増加によって、様々な原産地規則が錯綜するという「スパゲティ・ボウル現象」が生じて、手続きの煩雑さと混乱が心配されます。

(注) 外務省（2003）。「取引価格方式」は、現地調達比率＝（財の取引価格－非北米産の原材料価格）／財の取引価格、「純費用方式」は、現地調達比率＝（財の純費用価格－非北米産の原材料価格）／財の純費用価格。北米産にしてゼロ関税を獲得するために、日本企業も従来日本から調達してい

た部品をNAFTA域内からの調達に切り替える行動が起こりました。このように、原産地規則はまさに経済活動の域内完結化＝ブロック化、域外閉め出し効果を発揮します。

(7) 小括

　WTO体制の「無差別原則」に反する「差別的な」FTAを認める条件であるGATT24条の一応の解釈は、「貿易額の90％以上について、10年以内に」、関税その他の制限的通商規則が協定国間で廃止されることであり、これに照らしてみると、NAFTAは、移行期間については、一部に15年というものがありますが、農産品における例外品目の割合は10％を下回っており、農産品にかぎった場合も、90％ルールをクリアしており、他のFTAと比べると、最も農産品の例外率の低いFTAと位置づけられるでしょう。それだけ、農産物についての影響が大きいということでもあります。とりわけ、例外品目ゼロの米・メキシコ間協定はそうです。

　米国は、WTOの世界では、豪州やニュージーラントにまったく歯が立たない酪農も含めて、米・加・メキシコならば、農産物についてほぼ「一人勝ち」できる（とくにメキシコ市場がターゲット）との見込みから、NAFTAでは、FTAとWTO（当時はGATT）との整合性を否定し、ゼロ関税を主張し、メキシコとの間では、例外品目を一つもつくりませんでした。しかし、豪州とのFTA交渉が始まると、WTOと歩調を合わせたものでないと受け入れないと主張し、第一段階として、農業部門をそっくりセクターとして除外した米豪FTAを提案したということです。オセアニアを排除することこそが米国にとってのFTAの利益でありますから、排除したい相手とのFTAはもってのほかということです。こうした動

向はFTAの性格の一面をよく物語っています。つまり、FTAは、WTO体制、つまり世界的にみた競争力の関係からは起こり得ないような歪曲された貿易の流れを生じさせます。酪農を例にとれば、極端に言えば、米国が各地で、「狙い打ち」的にNAFTAのような形でニュージーランドや豪州の「閉め出し」に成功すれば、本来競争力のない米国酪農が、FTAによるブロック化で大きな利益を得ることができることになります。

　また、NAFTAは米・加・メキシコの三カ国の協定といっても、農産物については三カ国共通でなく、3種類の二国間協定の寄せ集めであり、約束事項の錯綜は甚だしいものとなっています。原則ゼロ関税を早期に達成するというFTAにおける関税撤廃スケジュールがWTOの関税削減スケジュールとは別にいくつも設定されることになってきます。FTAが「乱立」すると、国境措置の削減に関する国際的約束も混乱することになります（「スパゲティ・ボウル現象」）。差別的な待遇が入り乱れることは、結局、無差別の公平性を追求するWTOの重要性を再認識させる可能性は認識しておく必要があります。FTAによって、迂回輸出を阻止するための原産地規則もまちまちであり、FTAの増加によって、様々な原産地規則が錯綜し、手続きの煩雑さと混乱が心配されます。なお、中間財に使われる農産物については、最終製品のゼロ関税が重くのしかかってくることも十分視野に入れておかないといけません。

　最大のトピックスは、NAFTA発効後10年目の2003年に、多くのセンシティブ品目の完全な関税撤廃の時期を迎えて、米国からの安い農産物の洪水がメキシコの貧しい農家の生活を破壊する、という危機感から起こったNAFTA協定の見直しを訴える農民運

動です。とくに、米国農産物の安さが、実質的な輸出補助金によって可能になったものだという点が問題の一つの焦点です。米国のトウモロコシは、低い国際価格で販売しても、マーケティング・ローン（または融資不足払い）、固定支払い、不足払いの3段階で、農家手取りが補填されるという大きな輸出補助金によりダンピング輸出が可能になっています。ただし、WTO上は、このシステムは、輸出補助金としての削減対象に認定されていません。こうしたシステムを利用して、メキシコ人の主食ともいえるトウモロコシが、米国の正当な価格競争力を反映していないダンピング価格によって大量に輸入され、メキシコの小農の生活を破壊することが許されていいかどうか、という問題です。そもそも、NAFTAでは、輸出補助金について、「原則として輸出補助金を使用すべきでないという文言が含まれているものの、これに拘束力はない」といわれており、輸出補助金の使用が曖昧にされています。しかも、米国の穀物等への補助システムでわかるように、WTO上、それは輸出補助金ではないことになっているのです。今後、FTAで一つ曖昧にされている点として、WTO上「クロ」か「灰色」かにかかわらず、輸入価格をダンピングする実質的な輸出補助機能を有する措置へのFTAにおけるルール化の問題を十分に検討する必要があることを、今回の米・メキシコ間の紛争が浮き彫りにしたといえます。

5．日韓FTAとAU（Asian Union）に向けた具体的検討

　欧州圏や米州圏の統合の拡大・深化に対する政治経済的カウンタベイリング・パワー（対抗力）としてのアジア経済圏構築の必要性は否定し得なくなりつつある中で、最も経済条件が類似し、GDP規模も大きい日韓両国がFTAを成立させることは、アジアの連携強化をリードする第一歩として、また、両国のアジア、そして世界における交渉力向上につながる最重要課題となりつつあります。そこで、次に、FTAの持つ弊害を最小化しつつ、アジアの連携強化をリードするにふさわしい日韓FTAをいかにしたら構築できるかについて検討します。

(1)　日韓FTAと農林水産物をめぐる両国の姿勢

　FTAに対する日本の農林水産省の姿勢も、シンガポールとの締結時の「農業セクターを丸ごと除外」から、「農業をセクターとして除外することはない」、「日本から輸出できる品目を探す」といった方向に、積極的なものに変化してきていますが、とりわけ、農業構造も他のアジア諸国よりは類似している韓国とのFTAについては、最も積極的な姿勢が強まっています。

　韓国はどうでしょうか。韓国と日本は農産物の競争力がない点でWTOレベルでは「似たもの同士」のよきパートナーですが、二国間のFTAでは対応は当然異なります。韓国には、製造業、特に、素材・部品産業が関税撤廃で大きな打撃を受けるとして、日本とのFTAに対する不安が根強いため、それを埋め合わせる材料とし

て、当初から農林水産物には期待が持たれています。韓国は韓チリFTAでは、関税撤廃の例外品目とWTOのドーハ・ラウンド後に再協議する品目を併せて農産物の約30％（りんご、なし、コメ、ぶどう、にんにく、玉葱、唐辛子、酪農品等）を除外しましたが、一方で、日韓FTAでは、韓チリFTAは前例にならないとしつつ、「実質上全ての品目」を含めるべきとするGATT24条の最大限の尊重を主張しています。具体的には、農林水産物の例外品目の少ないNAFTAレベルの協定を目指すべきとの指摘がなされています。また、韓国の農産物関税は平均で62％と日本よりはるかに高い（関税割当品目で枠外税率が100％を超える品目は72品目に及ぶ）ので、韓国は、検疫、規格、不明瞭な商慣行等の非関税障壁の改善を日韓FTA成立の不可欠の条件としています。

(2) データに基づく検証

農業をFTAにどの程度含めることができるか、何がどの程度センシティブかについての検討、必要な政策措置の検討、国内的な説明、相手国への説明のためには、FTA対象国間で個別品目の生産費、生産者価格、輸出価格、小売価格等を比較すること、必要に応じて計量モデルにより品目ごとの影響を分析し、生産者への影響だけでなく、自国全体の経済厚生、貿易の歪曲性、世界全体の経済厚生の変化を検証してみることが有益です。

1）価格や生産費の検証
①価格は韓国の方が高いが生産費は韓国がかなり低い

以前は格段に韓国が安いと一般に思われていた食料品価格は、

表3　福岡及びソウルにおける食料品の小売価格調査結果
(福岡：平成13年12月、ソウル：平成14年3月)

(共通品目29品目)

品目	単位	福岡(円)	CPIウェイト	ソウル換算価格（円） デパート	食品スーパー	コンビニ	平均	価格比（福岡=100） デパート	食品スーパー	コンビニ	平均
食パン	1Kg	391	45	625	375	375	458	160	96	96	117
スパゲッティ	300g	137	3	90	−	−	90	66	−	−	66
さけ	100g	201	14	230	200	−	215	114	100	−	107
たら	100g	196	0	250	−	−	250	128	−	−	128
えび	100g	273	20	364	−	−	364	133	−	−	133
まぐろ缶詰	80g	159	0	75	64	91	77	47	40	57	48
牛肉（ロース）	100g	651	24	750	468	−	609	115	72	−	94
豚肉（肩肉）	100g	154	18	120	129	−	125	78	84	−	81
鶏肉	100g	111	24	85	69	−	77	77	62	−	69
ハム	100g	224	18	180	168	−	174	80	75	−	78
牛乳	1000ml	196	46	78	90	135	101	40	46	69	52
鶏卵	1Kg	332	19	450	150	367	322	136	45	111	97
キャベツ	1Kg	99	7	192	133	−	163	194	134	−	165
ほうれんそう	1Kg	494	13	500	556	−	528	101	113	−	107
レタス	1Kg	211	7	967	660	−	814	458	313	−	386
ばれいしょ	1Kg	215	8	250	218	−	234	116	101	−	109
にんじん	1Kg	239	9	188	180	−	184	79	75	−	77
たまねぎ	1Kg	198	8	175	130	−	153	88	66	−	77
トマト	1Kg	480	9	550	250	−	400	115	52	−	83
りんご	1Kg	501	23	339	−	446	393	68	−	89	78
バナナ	1Kg	200	7	230	250	−	240	115	125	−	120
パイナップル缶詰	340g	134	2	102	−	160	131	76	−	119	98
砂糖	1Kg	189	4	90	108	127	108	48	57	67	57
マヨネーズ	500g	291	8	233	270	230	244	80	93	79	84
ビスケット	100g	139	13	−	88	76	82	−	63	55	59
チョコレート	100g	128	12	141	141	143	142	110	110	112	111
ポテトチップス	100g	133	10	−	90	125	108	−	68	94	81
紅茶	25袋	297	4	−	280	280	280	−	94	94	94
インスタントコーヒー	100g	816	9	394	397	450	414	48	49	55	51
29品目加重平均値											95

(日本食品：13品目)

品目	単位	福岡(円)	CPIウェイト	ソウル換算価格（円） デパート	食品スーパー	コンビニ	平均	価格比（福岡=100） デパート	食品スーパー	コンビニ	平均
米	10Kg	4,189	89	2,925	3,090	3,850	3,288	70	74	92	78
もち	1Kg	732	8	−	255	−	255	−	35	−	35
まぐろ	100g	319	45	500	450	−	475	157	141	−	149
たらこ	100g	621	15	−	−	−	−	−	−	−	−
はくさい	1Kg	103	10	100	55	−	78	97	53	−	76
干ししいたけ	100g	1,043	2	1,667	−	−	1,667	160	−	−	160
干しのり	1帖	282	13	220	200	−	210	78	71	−	74
豆腐	100g	18	37	49	42	−	46	272	233	−	256
納豆	100g	75	10	−	−	167	167	−	−	223	223
梅干し	100g	185	6	−	450	230	340	−	243	124	184
しょうゆ	1000ml	265	5	600	395	660	552	226	149	249	208
みそ	1Kg	432	11	500	472	500	491	116	109	116	114
緑茶（せん茶）	100g	529	23	760	716	574	683	144	135	109	129
12品目加重平均値											131
41品目加重平均値											109

資料：日本は総務省「小売物価統計」、「消費者物価指数」
注： 1）米の価格は「ブレンド米」を採用。
　　 2）ハムの価格は「ロースハム」を採用。
　　 3）りんごの価格は「ふじ」を採用。
　　 4）パイナップル缶詰のウェイトはミカン缶詰のウェイトである。
　　　　 納豆、梅干し、しょうゆ、みそは日本産。これらを除いた37品目加重平均値は104。
　　　　 為替レートは100円=1,000ウォン（平成14年3月13日、シンハン銀行における円→ウォンの交換レート）
出所：吉田行郷・足立健一・武田裕紀『韓国の食品市場実態調査報告書』（2002年）の東京との比較表を鈴木宣弘（九州大学）が福岡との比較表に修正したもの

表4 日韓のPSE、名目生産者保護率の比較（2002年）

品目	%PSE		名目保護率		
	日本	韓国	日本	韓国	韓/日
小麦	86	n.a.	6.29	n.a.	n.a.
コメ	84	81	5.96	4.84	81.2
油脂	46	90	1.57	9.17	584.1
砂糖	41	n.a.	1.61	n.a.	n.a.
牛乳	77	70	4.24	3.29	77.6
牛肉	32	69	1.44	3.11	216.0
豚肉	54	37	2.17	1.55	71.4
鶏肉	11	41	1.12	1.57	140.2
卵	16	4	1.18	1.01	85.6
全品目(2002)	59	66	2.34	2.8	119.7
全品目(2001)	59	63	2.34	2.63	112.4

資料：OECD, Agricultural Policies in OECD Countries, 2003 から鈴木宣弘作成。
注：%PSEは、農業生産額に対する農家保護相当額の割合、名目保護率は、農家受取レベルでみた国内価格/国際価格とおおざっぱに理解しておいてよい。

　小売段階で比較すると、特に韓国に近い福岡とソウルでは、我々の調査では、選択された41品目の平均では、福岡よりもソウルの方が9％（日本産食品4品目を除くと4％）高くなっています（**表3**）。このことが日韓FTAに対する楽観的な見解の一つの根拠にもなっています。しかし、これは、あくまで平均値の議論です。当然ながら、個別品目での凹凸が大きいのです。例えば、牛乳をとってみると、ソウルの小売価格は約100円で、日本と倍半分近い差があります。

　次に農家受取価格はどうでしょうか。OECD（経済協力開発機構）の名目保護率指標から両国のいくつかの品目について農家受取価格を比較すると、品目ごとの凸凹はやはり大きいですが、全品目平均では、2002年データによると、韓国の方が日本より20％も高くなっています（**表4**）。この格差は2001年の12％高から大きく拡大しています。近年の韓国の農産物価格上昇傾向がここでも裏付けられます。しかし、この統計は、国産価格と比較する国際

表5　日韓の施設果菜類生産費および所要労力比較

作物	収量(kg/10a)		kg当たり生産費		所要労力 (時間/10a)	
	韓国	日本	韓国	日本	韓国	日本
キュウリ	11,702	15,965	60.3	157.3	835	1,414
トマト	7,418	11,520	70.7	145.7	744	1,069
イチゴ	2,685	2,407	155.6	779	775	1,121

出所：http://www.gifu-u.ac.jp/~fukui/03-010622-7.htm

　参照価格を各国が独自に選んで計算した結果を通報しているため、日韓でも参照価格が異なります。したがって、正確な比較とはいえません。後の表6では、なすの農家受取価格は日本の半分であることがわかるので、農家受取価格は韓国の方がずっと安い可能性もあります。OECDの名目保護率指標には財政から農家に支払われた補助金も含むことにも注意が必要です。農家への直接支払い額が韓国の方が大きいと、市場からの受取価格は低いのに、OECD指標でみた実質的な農家受取額は韓国の方が大きくなる可能性があります。

　さて、農産物の生産費で比較するとどうでしょうか。キュウリ、トマト、いちごの生産費を比較すると、いずれも韓国は日本の半分以下の水準です（表5）。なすの場合、家族労働費は参入していない経営費での比較で韓国が日本の4割であり、種苗費、肥料、農薬、農機具いずれも日本の3割に満たない低さです（表6）。生乳生産費は野菜ほどの差はないものの、韓国は日本の6割の水準です（表7）。費目別にみると、家族労働費の評価額のほかは、濃厚飼料費、素畜費の差が大きくなっています。ただし、北海道については、飼料費に占める粗飼料の割合が韓国とほぼ同じで、飼料費にはほとんど差がありません。韓国の豚肉生産費も日本の6

表6 日韓のなすに関する経営成果の比較（2001年）

(千円/10a)

項目		韓国(A)	日本(B)	A/B
農業粗収益	数量(kg)	11,110.00	13,407.20	0.82
	単価	129.4	252.7	0.51
	小計	1,437.40	3,388.70	0.42
経営費	雇用労賃	92.1	50	1.84
	種苗・苗木	35.5	133.2	0.26
	肥料	69.2	242.8	0.28
	農業薬剤	18	135.5	0.13
	諸材料	138.8	215.7	0.14
	光熱動力	212.4	302.6	0.7
	農機具	38.5	179.2	0.22
	農用建物	130.2	296.1	0.44
	賃借料及び料金	10.1	284	0.04
	土地改良及び水利費	1	6.7	0.15
	農業雑支出	5	35.9	0.14
	小計	750.8	1,881.70	0.38
成果	農業所得	686.6	1,507.00	0.36
	農業所得率（%）	47.8	44.5	1.07
	損益分岐点	330.7	982.3	

資料：韓国農村振興庁『農畜産物標準所得』、農林省『野菜・果樹品目別統計』より作成。
注：1）為替100円＝1,062.02ウォン。
2）韓国の資料では、支払小作料、物件税及び公課諸負担、負債利子、企画管理費は経営費に計上されていないため、農業所得の中に含まれているとみなし、日本についても農業所得の項目に入れた。
3）農業所得率＝農業所得÷農業粗収益×100
4）損益分岐点＝10a当たり固定費÷（1－10a当たり変動費／10a当たり粗収益）
出所：金慈景・豊智行・福田晋・甲斐諭『韓国における施設野菜の成長と農家の経営分析』2003年度九州農業経済学会大会個別報告資料、6ページ。

割の水準であり、飼料費は半分です（**表8**）。このように、農産物の各品目について、費目別に生産費を詳細に比較することは、両国の競争力を比較する上で、また、日本の高コスト構造が何に起因するのかを明らかにし、対策を検討する上でも重要です。

　日韓の食料品小売価格、農家受取価格は、韓国の方がむしろ高いのに、農産物生産費が倍半分の差があるとすればなぜでしょうか。これは、一つには、韓国農家は国境保護を含めた政府の支援により、かつ／または、農家段階の市場支配力が大きく、生産費

表7 日韓の生乳kg当たり生産費比較

(円)

費目	韓国	日本(全国)	北海道	韓国−日本	韓国−北海道
飼料費	25.38	31.37	27.21	-5.99	-1.83
(濃厚飼料)	14.26	24.43	16.00	-10.16	-1.74
(粗飼料)	11.12	6.94	11.21	4.17	-0.10
乳牛償却費	4.56	9.55	9.31	-4.99	-4.75
建物費	1.09	1.57	1.65	-0.48	-0.56
農機具費	1.93	2.65	2.37	-0.72	-0.44
労働費	8.15	21.11	17.74	-12.96	-9.59
費用合計	45.63	74.71	66.11	-29.08	-20.49
副産物価額	5.46	6.74	8.55	-1.28	-3.09
生産費(副産物差引)	40.16	67.97	57.57	-27.80	-17.40
全算入生産費	44.50	72.87	63.99	-28.37	-19.49
1頭当たり産乳量(kg)	7,070.80	8,834	8,836		

資料:韓国は九州大学金慈景(Kim jakyung)さん作成。
　　原資料は、韓国国立農産物品質管理院、www.naqs.go.kr
　　日本は農林水産省統計部。
注:日本の乳量は3.5%換算で搾乳牛1頭当たり。
　　調査期間は、韓国が2002.1.1-12.31。日本は2002.4.1-2003.3.31。
　　100ウォン=10円で換算。

に比べて高い農家受取価格を実現しているということでしょう。

　もし、農産物生産費と農家受取価格は韓国が大幅に安いのに食料品小売価格は差がないとすれば、韓国の卸売かつ／または小売マージンが日本よりかなり大きい可能性が指摘できます。そうであれば、流通マージンを節約する方法で日本から韓国の小売市場に直接販売すれば、生産段階で割高な日本産品でも、小売市場では競争できる可能性が示唆されます。

　韓国サイドからすれば、基本的には、韓国の現在の農家受取価格より高く売れるかどうかが日本に輸出するかどうかの判断基準になりますが、競争が激化した場合には、生産費レベルが問題になってきます。生産費レベルで日韓農業の競争力を比較すると、韓国優位は揺るがないように思われます。

表8　日韓の豚肉（生体）1kg当たり生産費

(円)

費目	韓国	日本	韓/日
家畜費	45.55	9.76	466.7
飼料費	79.79	159.47	50.0
水道光熱費	1.69	8.99	18.8
防疫治療費	4.02	12.21	32.9
修繕費	0.86	8.63	10.0
（建物）	0.66	3.69	17.9
（大農具）	0.2	4.01	5.0
（生産管理費）	-	0.93	-
小農具費	0.03	-	-
諸材料費	0.94	0.54	174.1
借入利子	1.26	1.84	68.5
賃借料	0.07	2.6	2.7
雇用労働費	4.09	4.88	83.8
その他雑費	2.68	2.81	95.4
償却費	4.26	11.91	35.8
（建物）	3.01	8.53	35.3
（大農具）	1.25	3.3	37.9
（生産管理費）	-	0.08	-
小計（A）	145.24	223.64	64.9
自家労働費	3.12	37.36	8.4
自己資本利子	6.17	5.79	106.6
自作地地代	0.28	0.75	37.3
費用合計（B）	154.81	267.54	57.9
副産物収入（C）	0.27	8.12	3.3
経営費（A-C）	144.97	215.52	67.3
生産費（B-C）	154.54	259.42	59.6
販売時体重(kg)	107.5	110.7	97.1

資料：韓国は九州大学金慈景(Kim jakyung)さん作成。
　　　原資料は、韓国国立農産物品質管理院、www.naqs.go.kr
　　　日本は農林水産省統計部三浦美知雄氏。
注：日本は一貫経営で、家畜費には、もと畜費、繁殖雌豚費、種雄豚費、種付料を含む。日本の「借入利子」には支払地代を含む。日本の「その他雑費」は敷料費と物件税及び公課諸負担の計。調査期間は、韓国が2002.1.1-12.31。日本は2002.4.1-2003.3.31。100ウォン=10円で換算。

②実質的輸出補助金の取扱い

　なお、韓国の生産コストが低い一つの要因として、例えば、輸出向けのトマトや花き栽培の施設を政府が建設し、農家は施設を無料で使用して生産できるといったシステムが存在します。これは生産補助金ですが、実質的には輸出補助金ともいえるものです。

タイも日本に関税撤廃を要求している砂糖をはじめ実質的な輸出補助金で農産物輸出拡大をしています。

　FTAで一つ曖昧にされている点として、WTO上「クロ」か「灰色」かにかかわらず、ダンピング輸出を可能にする実質的な輸出補助機能を有する措置へのFTAにおけるルール化の問題があります。NAFTAでは、米国の穀物のダンピング輸出が実質的に許されていることに対して、最近、メキシコ側が協定の見直しを求める事態に発展しました。関税をゼロにするのに輸出補助金は実質野放しというのは確かにおかしな話です。こういう視点からすると、韓国の輸出促進的な補助金政策は、その是非について議論の余地があるかもしれません。

　③国産プレミアムはどのくらい見込めるか

　生産費にかなりの格差があっても、日本の消費者が意識する「国産プレミアム」が生産費の格差を相殺するだけ大きければ、国産農産物は競争できます。また、今後、「国産プレミアム」を維持・拡大できるよう差別化を図れるかが一つのポイントになります。上でみたように、倍半分以上の生産費格差がある野菜が3％程度の関税で何とか競争できるのは、「国産プレミアム」があるからこそです。

　例えば、これは中国産との比較ですが、2004年1月18日、福岡のあるスーパーでは、

　　ねぎ　一束（3本）　　　大分産　158円、中国産　100円

　　生椎茸　一パック（6個）福岡産　198円、中国産　128円

で販売されていました。これを、大分産の158円のねぎに対して中国産ねぎが58円安いとき、日本の消費者はどちらを買っても同等

と判断しているというふうに解釈すると、この58円ないし、比率で58％を、大分産ねぎの「国産プレミアム」と呼ぶことができます。

牛乳は輸入が行われていないので比較できる現状データは存在しませんが、九大の大学院生のアンケート調査（図師、2004）によると、日本で180円の最も標準的な牛乳が、かりに韓国産、中国産だったら、いくらなら買うかという問いに対して、平均で、

韓国産　94.5円（「国産プレミアム」が85.5円、90.4％）
中国産　72.9円（「国産プレミアム」が107.1円、147.0％）

という回答が得られています。

なお、この「国産プレミアム」は非関税障壁（NTB）ではないことにも注意していただきたいと思います。日本はOECD等で計算される内外価格差指標が非常に大きいとされますが、それには、ここで検討した「国産プレミアム」が含まれていることに留意すべきです。「国産プレミアム」は関税がなくなっても残る格差です。厳密に言えば、同一（homogeneous）商品を比較していないということです。したがって、関税や輸送費で説明できない内外価格差であっても、その実質が大部分、この「国産プレミアム」だとすれば、それを不公正なNTBだという批判は当たらないことになります。

2）貿易モデルによる影響の検証 ── 貿易歪曲性と経済厚生

①韓国生乳は九州に来るか？──貿易創造でも貿易は歪曲される

日韓の牛乳について検討してみましょう。表3からもわかるとおり、牛乳は、小売価格でみると、韓国の方が最も割安な品目の

表9 日韓及び日韓中FTAによる九州、韓国、中国生乳需給の変化

	変数	単位	現状	日韓FTA	日韓中FTA	日韓中FTA(国産プレミアム考慮)
九州	生産	万トン	87.7	61.8	17.5	53.3
	飲用乳価	円/kg	90.1	72.3	38.2	67.1
	飲用仕向量	万トン	69.0	61.8	17.5	53.3
	飲用需要	万トン	69.0	83.2	143.2	88.7
	加工向け	万トン	18.7	0.0	0.0	0.0
	農家受取加工乳価	円/kg	72.1	-	-	-
	総合乳価	円/kg	86.3	72.3	38.2	67.1
	メーカー支払加工乳価	円/kg	61.8	-	-	-
	輸入計	万トン	0.0	21.4	125.7	35.4
	韓国からの輸入	万トン	0.0	21.4	0.0	0.0
	中国からの輸入	万トン	0.0	0.0	125.7	35.4
韓国	生産	万トン	234.0	241.8	158.1	154.0
	需要	万トン	234.0	220.4	476.7	500.1
	乳価	円/kg	60.0	62.3	38.2	37.1
	九州向け輸出	万トン	0.0	21.4	0.0	0.0
	中国からの輸入	万トン	0.0	0.0	318.6	346.1
中国	生産	万トン	1,025.5	1,025.5	1,426.7	1,369.1
	需要	万トン	1,025.5	1,025.5	982.4	987.7
	乳価	円/kg	20.3	20.3	28.2	27.1
	輸出計	万トン	0.0	0.0	444.3	381.4
	九州向け輸出	万トン	0.0	0.0	125.7	35.4
	韓国向け輸出	万トン	0.0	0.0	318.6	346.1

資料：鈴木宣弘試算。これはラフな試算であり、より精緻なモデルと試算は木下・永田（2004）参照。
注：最右欄は、韓国産は30円、中国産は40円安いときに同質の日本産牛乳と同等であると消費者がみなすと仮定したケース。

一つになっており、韓国の生産者乳価は600ウォン（60円）で、日本の飲用向け生乳価格90円をかなり下回ります。かりに、日韓FTAに生乳が含まれたらどうなるでしょうか。最も近接する九州について韓国―九州間の生乳の輸送費を10円／kgとして生乳1財の部分均衡モデルで影響を試算してみたのが**表9**です。

　　韓国からの輸入量　21.4万トン
　　九州の乳価　86.3円　→　72.3円　▲16%

韓国の乳価　　60.0円　→　62.3円　　+3.8%
　　九州の生乳生産　数年のうちに　87.7→61.8万トン　▲30%
　　韓国の生乳生産　234→241.8万トン　+3.3%

　九州酪農にかなり大きな影響が出る可能性が示唆されています。韓国の200万トン強の生産量は日本全体と比較すれば小さいという見方もありますが、産地間競争と考えれば、けっして小さな量だから問題にならないという議論はできません。それから、ここでは最も近接する九州のみを取り上げましたが、韓国サイドには、北海道の酪農家の中には、逆に韓国への輸出が可能な水準の経営がかなり存在することの方を懸念する見方もあります。

　ところで、実は、生乳（未処理乳）はUR（ウルグアイ・ラウンド）前から自由化品目であり、関税率は現在21.3%です。韓国の60円の乳価と10円程度の輸送費を考えると、現状でも輸入が生じてもおかしくない水準に近づいています。韓国は現状では日本向け生乳輸出は収支トントンの水準と判断しているようです。韓国が生乳を輸出する場合、家畜伝染病予防法上、生乳については非加熱なので、まず、日韓の家畜衛生当局で衛生条件を締結する必要があります。これが非関税障壁の問題と関連してくる可能性があります。韓国では、日本では認可されていない遺伝子組み換えの牛成長ホルモン（bST）が生乳生産に使用されているという問題も浮上してきます。ただし、一方で、同様にbSTが認可されている米国から輸入されるアイスクリームやチーズはbSTを含んでいますが、表示義務もなく消費者の口に入っている事実もあります。

　また、韓国の乳製品関税は40数%と我が国よりかなり低いため、加工原料乳市場が海外乳製品に奪われ、加工に向けられない余剰

乳問題の解決が大きな課題となっています。飲用比率が8割と高いのはそのためでもあります。(ちなみに、我が国の飲用比率が6割というのも乳製品の半分が輸入でまかなわれている結果であり、消費サイドからみた我が国の飲用比率は4割弱で、米国と同水準であることに注意して下さい。)

なお、韓国側には、中国とのFTAなら製造業において韓国にメリットがあるとの観点から、日韓FTAでなく、日韓中FTAをめざすべきとの意見が根強いですが、中国を加えるとなると、日韓両国の農産物生産費と中国との格差が大きすぎるため、チリとのFTAでも農業で非常に苦労した韓国が、中国とのFTAを進められるとは考えにくいところです。生乳の農家受取価格も中国は20円程度で、急速に生産が増加しており、近い将来輸出余力を持つ可能性がないとはいえません（中国酪農の評価については生源寺2003参照）。もちろん、日本にとっても、現段階で中国とのFTAとなると、農産物のみならず時期尚早の感が強いと思います。しかし、Asian Unionを考える上で、将来的には中国を除外した議論ができないのも事実です。

そこで、**表9**では、かりに、中国も参加して日韓中FTAが成立し、生乳の衛生条件もクリアされたとしたら、どんなことになるかも試算してみました。そうすると、中国の「一人勝ち」となり、九州の生産は壊滅的打撃（8割減）を受け、中国から九州への輸入量は、125.7万トンに達し、韓国も大量の生乳を中国から輸入することになる可能性があります。

つまり、日韓FTAは、従来なかった生乳の貿易を発生させるので、その点は、貿易創造的ですが、より競争力のある中国が入れ

ば、生乳の日韓中の流れは大きく変化します。したがって、日韓FTAに生乳を含むことは、競争力に基づいた生乳貿易の本来の流れを歪曲することになるといえます。それから、中国が加わった場合には、生乳にかぎらず、多くの農産品で日韓両国は中国との圧倒的な競争力格差によって大きな打撃を受ける可能性があることを認識する必要があります。

ただし、「国産プレミアム」をある程度見込むことができれば、影響は大きく緩和されることも**表7**に示されています。ちょうど先述のアンケート調査の結果に近い「国産プレミアム」が実現できた場合の試算結果です。GTAPモデル等では、国産財と輸入財との代替の弾力性（アーミントン係数）で表現する部分を、我々のモデルでは、「国産プレミアム」を輸入財に対する自由化後も残る取引費用のようにして上乗せする形で表現しています[注]。

さらに、これらの試算結果は、これまでは、飲用乳は海外からの直接的競争がない下で、加工原料乳への支援策だけで、その分だけ飲用乳価も底上げされるという経済現象を利用して、非常に財政効率的に、北海道のみならず、都府県の飲用乳地帯の酪農家所得向上も実現してきた我が国の酪農制度ですが、今後、FTA等の進展も勘案し、近隣の中国や韓国からの生乳の流入もありうると想定すると、加工原料乳のみへの支払いで全体を守ろうとする現行の制度体系では不十分になってくる可能性を考えておく必要があることを示唆しています。

（注）GTAPモデルによる自由化の影響試算で、決定的な影響力を持つのが、当該品目のアーミントン係数であり、GTAPモデルでは、アーミントン係

数が比較的小さく設定され、つまり、国産財の「差別化」が進んでいるという想定になっており、自由化の影響は過小に試算されるきらいがあります。なお、GTAPモデルでは、関税や輸送費で説明できない内外価格差を「非関税障壁」とし、それを関税率に置き換えて表示し、自由化後にはその「非関税障壁」も消滅すると仮定しています。したがって、本来は自由化後も残る「国産プレミアム」部分がなくなる形で、自由化の影響が過大に評価される側面もあることになります。

②豚肉の輸出地図はどう塗り変わるか──貿易転換の検証

貿易モデルによる分析では、当該品目をFTAに含めることで生じる貿易転換効果によって、国際市場がどの程度歪曲され、自国及び世界の経済厚生にどのような影響が生じるかを検証することも必要です。表10は、豚肉が日韓FTAに含められた場合の影響を豚肉1財の部分均衡モデルで試算したものです。豚肉は、メキシコとのFTAで問題になっています（日墨FTAの豚肉に関する試算は中本、2004参照）が、米国は、日本がメキシコに与える条件を米国にも与えるよう求める姿勢を示しています。豚肉の日本への主な輸出国は、米国、デンマーク、カナダ、メキシコ、韓国、台湾でしたが、口蹄疫のため、韓国と台湾の輸出は現在はありません。しかし、口蹄疫問題が解決し、韓国からの輸入が再開されることは十分ありうるし、韓国も豚肉を日本とのFTAにおける戦略的品目の一つに挙げています。そこで、韓国を含めた6カ国モデルで、韓国にのみ差額関税制度を含めて輸入自由化した場合の他の国々への影響を試算しました。この試算では、韓国のみが利益を得ますが、輸入国の日本及び他の輸出国の経済厚生は低下し、世界全体（6カ国）としても、総余剰（経済的利益）は195億円のマイナスとなります。韓国へのオファーを低め、差額関税は残し、4.3％を免除する20万トン枠のみの供与にすると、他国の不利益は

表10　日韓FTAに豚肉を含めた場合の貿易転換効果

		現状	完全自由化	韓国のみ自由化	韓国のみ部分自由化
供給（千トン）	米国	8,929	8,935.8	8,926.9	8,928.3
	デンマーク	1,748	1,871.1	1,634.0	1,735.2
	日本	1,236	872.9	1,160.4	1,236.0
	カナダ	1,854	1,984.6	1,804.8	1,840.4
	メキシコ	1,085	1,131.1	1,070.4	1,080.1
	韓国	1,153	1,215.7	1,545.6	1,211.1
需要（千トン）	米国	8,752	8,201.0	8,926.9	8,813.9
	デンマーク	1,539	1,448.7	1,634.0	1,549.1
	日本	1,830	2,724.9	1,967.1	1,830.0
	カナダ	1,759	1,648.3	1,804.8	1,771.4
	メキシコ	1,048	982.0	1,070.4	1,055.4
	韓国	1,077	1,006.1	738.9	1,011.1
輸出（千トン）	米国	177	734.8	0.0	114.3
	デンマーク	209	422.4	0.0	186.0
	日本	-594	-1,852.1	-806.7	-594.0
	カナダ	95	336.3	0.0	68.9
	メキシコ	37	149.1	0.0	24.7
	韓国	76	209.5	806.7	200.0
経済厚生の変化（百万円）	米国		8,952	-503	-297
	デンマーク		6,199	-1,885	-403
	日本		76,629	-74,012	-2,832
	カナダ		4,235	-350	-167
	メキシコ		1,827	-112	-63
	韓国		2,803	57,366	2,509
	総計		100,645	-19,497	-1,254

資料：鈴木宣弘試算。
注：供給量は2002年、輸出量は韓国の口蹄疫発生前の1999年データ。
　　モデルに含んだ5輸出国以外からの輸入は日本の需要から差し引いた。5つの輸出国の需要には日本以外の国への輸出需要を含めた。輸入業者は輸出国で250円で調達、日本へ393円で持ち込み、差額関税制度により生じる利益(393-250)を得ていると仮定。
　　393円に4.3%の関税がかかり、国内販売価格は410円。各国の豚肉は同質(完全代替的)と仮定。部分自由化は4.3%を免除する20万トン枠を設けるが差額関税制度を残す。
　　輸出国間での新たな貿易は生じないと仮定。

かなり緩和され、世界全体としての余剰の減少も小さくなります。

　つまり、現状の国境措置が大きい場合には、それを、FTAを締結した一国のみに自由化すると、その他の国の不利益が大きくなり、貿易を大きく歪曲することになります。すなわち、現状の国境措置が大きい品目は、例外にするか、自由化の程度を小さくす

るという措置を採らないと世界全体として経済厚生が低下したり、輸出市場を失う国々からの反発が強まることになることをこの試算結果はよく示しています。また、この試算では、豚肉の場合、輸入国日本自身も自由化により総余剰が増加しない結果となりました。これは、政府の失う関税収入と輸入業者が失う差額関税制度に伴う差益(レント)の合計が消費者の利益を上回る可能性を示唆するものです。

なお、韓国のみ部分自由化の場合は、他の輸出国の日本向け輸出量もゼロになるわけではないので、日本の国内価格は変化せず、消費者のメリットはなく、生産者への影響もありません。総輸入量も変わらず、韓国の輸出増加分だけ他の輸出国のシェアが落ちるのみです。日本は関税収入を失いますが、それは輸出業者ないし輸入業者の差益(レント)となります。

さらに、ここで指摘しておくべき点は、FTAの「差別性」の弊害に対処して、できるかぎり多くの品目をFTAに含めるべきとするGATT24条ですが、それを忠実に実施する、つまり、高関税品目もFTAに含めてしまうと、逆に貿易転換が大きくなり、「差別性」の弊害の最小化に矛盾してしまうという問題があるということです。このようにGATT24条の経済学的意味合いには議論があります。

(3) 日韓、そしてアジアとの経済連携強化におけるその他の留意すべき論点

1) 日本農産物・食品にとっての市場としての韓国、アジア

韓国側は、農村経済研究院(Choi, 2002)が、韓国産の個別農

産品に対する日本の輸入需要の価格弾力性を用いて関税撤廃による輸出増加見込額を試算しています。日本への輸出増加が期待できる品目としては、キムチ、トマト、なす、トウガラシの実、バラ、ユリ、栗、菊、キュウリ、豚肉が挙がっています。

　日本からみた韓国市場はどうでしょうか。日韓の貿易品目でみると、韓国側の農産物の平均関税は84％と日本の11％を大きく上回っており、緑茶の525％（関税割当枠内は40％）に象徴されるように、韓国の高関税が撤廃されれば、日本、とくに福岡の八女茶のように輸出が期待できるものもあります。韓国はWTOでは、コメの関税化を猶予していますが、コメがかりに日韓FTAに組み込まれた場合、日本の高品質米の輸出がむしろ見込まれるとの見方もあります。

　また、贈答文化が根強い韓国では、高級なくだものは需要があります。吉田ほか（2002）によると、贈答品の1セットの平均価格は、日本が3～5千円なのに対して、韓国は4～5万円と高く、贈答用なしは一個900円、りんごは一個660円、干しいたけ240gが4,000円でした。なし、りんご等は、チリとのFTAでも完全除外にされた韓国の最もセンシティブな品目でもありますが、日本からの輸出拡大を考えると、韓国に開放を求めていくことになるでしょう。韓国の関税は、なし50％、りんご46％、干しいたけ30％、うんしゅうみかん147.2％（関税割当枠内は50％）となっています（表11、12）。実は、韓国側も、日本の過度の検疫が緩和されれば、韓国のなし、りんごの日本への輸出が拡大できると指摘しており、日韓双方がお互いに自国に有利と期待しているのです。

　さらに、韓国では、日本食への人気が高まっており、関税が下

表11 韓国における高関税品目と関税率（100％以上のもの）
（2002 譲許高関税率順）

HS コード（韓国）	品目	基本税率（％）	2002 譲許税率（％）	日本関税率
0714.10.1000	カッサバ芋（生、蔵、凍、乾）	20	907.1	free、9,12,15
1008.90.0000	その他の穀物	3	818.1	free、9.80円/kg
1102.90.9000	その他の穀粉	5	818.1	21.3円/kg
1103.19.3000	その他の穀物　ロールフレーク	5	818.1	20、27.40円/kg
1103.20.9000	ペレットその他のもの	5	818.1	27.40円/kg
1104.19.9000	その他の穀物　ロールフレーク	5	818.1	25、31.40円/kg
1104.29.1000	その他の穀物　薄切り粗挽き	5	818.1	17
1108.19.9000	その他でん粉	8	818.1	140円/kg
1108.20.0000	イヌリン	8	818.1	140円/kg
1007.00.1000	グレーンソルガム	3	796.7	free
1211.20.1310	朝鮮人参（紅参）	20	771.1	4.3
1302.19.1210	朝鮮人参（紅参（エキス、粉、液））	20	771.1	free
2106.90.3029	朝鮮人参（紅参（茶、調整品））	8	771.1	28
3301.90.4520	朝鮮人参（紅参）から抽出したオレオレジン	20	771.1	free
1207.40.0000	ごま	40	644.0	free
1515.50.0000	ごま油及びその分別物	40	644.0	4.5
0810.90.3000	ナツメ（生鮮）	50	625.1	6
0713.31.1000	緑豆（乾燥）	30	621.0	free
0802.90.1010	松果（生鮮、乾燥）	30	579.4	12
1004.00.1000	オート	3	567.1	free
1103.19.2000	その他の穀物　オートのもの	5	567.1	20、27.40円/kg
1104.12.0000	オート　ロールフレーク	5	567.1	10
1104.22.0000	オートのもの　薄切り粗挽き	5	567.1	12
0902.10.0000	緑茶	40	525.0	17
1003.00.1000	麦芽用大麦	30	524.4	free、10.40円/kg
1201.00.1000	大豆	5	497.8	free
1108.13.0000	ばれいしょでん粉	8	465.2	140円/kg
1108.14.0000	マニオカ（カッサバ）でん粉	8	465.2	140円/kg
0713.32.1000	小豆（乾燥）	30	430.1	free
3505.10.3000	可溶性でん粉	8	394.3	25,30円/kg
0714.20.1000	かんしょ（生、蔵、凍、乾）	20	393.6	12,12.8
0714.90.9090	その他芋等	20	393.6	9,10,12
0910.10.1000	しょうが	20	385.7	2.5,5,9
0712.90.2091	スイートコーン（乾燥野菜）	30	378.2	9円/kg、10円/kg
0703.20.1000	にんにく（生鮮・冷蔵）	50	368.0	3
0711.90.1000	にんにく（調整保存）	30	368.0	6,9,12
0712.90.1000	にんにく（乾燥野菜）	50	368.0	free、9,12.8
1005.10.0000	とうもろこし（播種用）	0	335.4	9円/kg、free
1003.00.9010	外皮のない大麦	5	331.2	free、10.40円/kg
0701.10.0000	ばれいしょ（生鮮・冷蔵）	30	310.8	4.3
1105.10.0000	ばれいしょの粉及びミール	8	310.8	20
1105.20.0000	ばれいしょのフレーク、粒及びペレット	8	310.8	20
1003.00.9020	裸麦	5	306.4	free、10.40円/kg
1103.11.1000	ひき割り穀物　小麦のもの	5	294.6	25
1103.20.1000	ペレット小麦のもの	5	294.6	25
0711.90.5091	とうがらし、ピメンタ（調製保存）	30	276.0	6,9,12
0904.20.1000	とうがらし、ピメンタ（破砕、粉砕）	50	276.0	6
2207.10.9010	エチルアルコール（発酵させたアルコール液）	30	276.0	27.2,38.10円/kg
1107.20.1000	麦芽いったもの	30	275.0	21.30円/kg
1102.90.1000	大麦粉	5	265.8	25、27.40円/kg、31円/kg
1103.19.1000	その他の穀物　大麦のもの	5	265.8	20、31円/kg

1103.20.3000	ペレット大麦のもの	5	265.8	27.40円/kg
1008.10.0000	そば	3	261.8	free、9%
1702.90.1000	その他糖類（人工はちみつ）	20	248.4	50、25円/kg
1108.19.1000	かんしょでん粉	8	246.6	140円/kg
1104.19.2000	大麦　ロールフレーク	5	238.2	20、33.20円/kg
1202.10.1000	落花生（殻つき、殻なし）	40	235.6	726円/kg
1108.12.0000	とうもろこしでん粉（コーンスターチ）	8	231.0	140円/kg
1211.20.1100	朝鮮人参（紅・白参）	20	227.8	4.3
0802.40.1000	くり（生鮮、乾燥）	50	224.3	9.6
3505.10.4000	ゼラチン又は膨張でん粉	8	205.7	25、30円/kg
3505.10.9000	その他変性でん粉	8	205.7	25、30円/kg
0402.10.1010	スキムミルクパウダー	20	184.8	25
1104.23.0000	とうもろこしのもの　薄切り粗挽き	5	170.8	16.2
1103.13.0000	ひき割り穀物　とうもろこしのもの	5	166.5	12
0805.20.1000	マンダリン、うんしゅう等（生鮮、乾燥）	50	147.2	17
0805.50.2020	その他かんきつ類（生鮮、乾燥）	50	147.2	free
0703.10.1000	たまねぎ（生鮮・冷蔵）	50	138.0	8.5
0712.20.0000	たまねぎ（乾燥）	50	138.0	9
1104.29.2000	大麦　薄切り粗挽き	5	128.8	17
1002.00.1000	ライ麦	3	111.1	free、4.2
1214.90.1000	飼料用根菜類	20	102.7	free

資料：農林水産省作成。
注：韓国の高関税率品目は関税割当となっており、枠内は基本税率、枠外に高関税が適用される。

がれば、日本からの食品輸出の増加には期待が持てます。もともと、日本の製品をイメージした食品が多いですが、そういったものを、直接日本から輸出できるようになる可能性があります。

　割高だが安全で高品質の日本農産物・食品に対する需要は、韓国にかぎらず、他のアジア諸国でも増大傾向にあるとの指摘もある中で、韓国やアジア諸国とのFTAを日本農業にとっての新たな市場開拓につなげるという方向もありうるのです[注]。「国産プレミアム」の強化は、輸入に対する防御的な効果のみならず、アジアに増えつつある日本産需要をターゲットにした国産農畜産物の販路拡大のためにも重要です。日本にも韓国のなし、りんごを選択する人がいますが、韓国にも日本のなし、りんごを選択する人がいるでしょう。海外からの安さで奪われる市場は、海外における高品質を求める市場に攻めることで埋め合わせるという一種の「棲み分け」の発想も必要でしょう。米国は、世界各国における米

表 12 日本の対韓国輸出実績（2001年、主要品目金額順）

順位	品目名	単位	01数量	01金額（千ドル）	韓国関税率（2002）	（参考）日本関税率
1	たばこ	KG	4,306,515	47,106	40%	0%,3.4%,29.8%,16%
2	真珠（天然・養殖）	GR	1,401,630	15,242	8%	0%
3	播種用の種、果実及び胞子	KG	312,922	13,536	0%	112 円/kg
4	配合調製飼料	MT	6,286	12,150	5%	0%,3%,12.8%,36 円/kg
5	かつお・まぐろ類（生・蔵・凍）	KG	839,299	7,939	10%,20%	3.5%
6	さんま（冷凍）	KG	9,274,731	6,784	10%	10%
7	果汁	KG	4,822,652	4,833	30～55%	6%～25.5%,29.8%or23 円/kg
8	魚油（肝油除く）	MT	126	4,328	3%	7%or4.20 円/kg
9	キャンデー類	KG	771,703	3,937	8%	25%
10	アルコール飲料	L	1,735,310	3,321	30%	0～29.8%,27～125 円/(l,kg)
11	たこ（冷蔵・冷凍）	KG	903,693	2,078	20%	7%
12	いか（生・蔵・凍）	KG	1,832,976	2,065	10%	3.5%～10%
13	たら（生・蔵・凍）	KG	1,008,049	1,805	10%(凍),20%(生、蔵)	6%(凍),10%(生、蔵)
14	さめ（生・蔵・凍）	KG	868,734	1,757	10%(凍),20%(生、蔵)	2.5%
15	ペットフード	MT	189	1,624	5%	0%,59.50 円/kg
16	ホタテ貝（生・蔵・凍・塩・乾）	KG	229,047	1,617	20%	10%
17	ぶどう糖	KG	104,008	1,588	8%	29.8%or23 円/kg,50%or25 円/kg
18	さば（冷蔵・冷凍）	KG	1,257,601	1,277	10%(凍),20%(生、蔵)	7%(凍),10%(蔵)
19	合板	SM	66,987	1,038	8%	6%～20%
20	醤油	KG	548,627	874	8%	7.2%
21	ココアペースト	KG	389,682	857	5%	5%,10%
22	味噌	KG	697,304	843	8%	10.5%
23	チョコレート菓子	KG	170,026	828	8%	10%～29.8%,23.8%+679 円/kg,28%+799 円/kg 等
24	さけ・ます（生・蔵・凍）	KG	491,640	727	10%(凍),20%(生、蔵)	3.5%
25	魚粉	MT	780	525	5%	0%
26	チューインガム	KG	117,856	500	8%	24%
27	フロッピボード	SM	25,335	402	14%,20%	6%,15%,20%
28	かに（冷凍）	KG	45,031	380	8%	4%
29	メントール	KG	15,575	367	10%(凍),20%(蔵)	13.4%or390.40 円/kg
30	いわし（冷蔵・冷凍）	KG	565,810	317		3.5%,10%

順位	品目名	単位	01数量	01金額(千ドル)	韓国関税率(2002)	(参考)日本関税率
31	米菓(あられ・せんべい)	KG	48,318	282	8%	29.8%、34%
32	製材加工材		0	278	5%	0%、4.8%
33	即席麺	KG	86,691	241	8%	21.3%、23.8%、25%
34	綿のくず	KG	936,904	225	1%	0%
35	レモネード等	L	107,443	222	8%	13.4%
36	かたくちいわし(調製)	KG	35,098	210	20%	9.6%
37	豚の皮	MT	212	192	2%、5%	0%、6%
38	ビスケット	KG	36,194	187	8%	20.4%
39	粉乳	KG	408,193	111	40%	23.8%+679円、25%、28%+799円
40	緑茶	KG	5,900	94	40%(関割:割当以上 525%)	17%
41	練り製品(魚肉ソーセージ等)	KG	10,323	80	20%	9.6%
42	えび(冷凍)	KG	4,797	63	20%	1%
43	りんご	KG	94,426	56	46%	17%
44	寒天	KG	1,422	55	8%	0%
45	生糸	KG	1,528	53	8%(関割:割当以上 52.9%)	0%
46	ひま油	KG	21,460	44	8%	4.5%
47	乾こんぶ	KG	7,233	42	20%	1.50円/枚、10.5%、40%
48	ひらめ・かれい(生・蔵・凍)	KG	5,210	28	10%(凍)、20%(生、蔵)	3.5%
49	かつお・まぐろ類(缶詰)	KG	1,107	26	20%	9.6%
50	ごま油	KG	2,079	24	40%(関割:割当以上 644%)	8.50円/kg、10.40円/kg
51	繊維板	MT	28	24	8%	2.6%
52	あまに油	KG	7,920	19	8%	5%or5.50円/kg
53	菜種油・からし種油	KG	5,920	16	10%、30%	10.90円/kg、13.20円/kg
54	マーガリン	KG	500	16	8%	2.9%～29.8%
55	なし	KG	24,516	14	50%	4.8%
56	グルタミン酸ソーダ	KG	16,000	13	5%、8%	3.9%、8.4%
57	羊毛	KG	675	7	8%	0%
58	うんしゅうみかん	KG	28,500	6	50%(関割:割当以上 147.2%)	17%
59	カカオ脂	KG	1,275	6	5%	0%
60	乾しいたけ	KG	159	4	30%	12.8%
61	砂糖(精製)	MT	0	4	50%	39.98円/kg
62	球根	TH	0	3	27.60%	0%
63	大豆油	KG	0	0	8%	13.20円/kg

資料：農林水産省作成。
注：韓国関税率は、韓国農林畜産関税率表(2002)及びWorld Tariff (MFN税率)による。

国農産物の販売促進活動へも多くの公的助成金を出しています。これは、巧妙な隠れた輸出補助金ともいえなくもないのですが、我が国ももっと拡充すべきでしょう。

(注) 中国13億人の5％が富裕層になるだけでも6千5百万人の巨大市場です。日本の製品・産物の潜在的市場として極めて大きな可能性を秘めています。上海の高所得層は、中国産の5倍以上もする日本野菜を安全だとして買っているとの情報もあります。ではしかし、中国はどんな野菜を日本に輸出しているのか、やや不安になります。

2）水産物のIQの問題 ── 最大の焦点はのり

　水産物の輸入割当枠の問題は韓国の関心事の一つです。WTOにおける「例外なき関税化」は、実は農業分野のみで、工業品にも相当数の輸入割当（数量制限）品目が残っていますが、水産物は、資源管理の必要からも輸入枠があるのは首肯できます。

　韓国は、水産物の中では、特に、のりに関心が高いのです。韓国産の、特に味付けのりの日本での人気は大きいのは確かで、韓国側は、いきなり枠の廃止は求めないとしつつ、より大胆な枠の拡大を要望しています。日本は、毎年着実に枠拡大を行う形で努力していますが、消費者にも訴えやすい事案だけに、象徴的な問題にならないよう、さらなる配慮と調整が必要と思われます。水産物についてはHonma（2003）も参照して下さい。

3）知的財産権の保護 ── 種苗法の強化

　もう一つ、日本農業にとって積極的にFTAを活用できる側面として、知的財産権の保護の問題があります。例えば、福岡のいち

ごの「あまおう」等、日本で開発されたブランド品種の保護を強化できるという点です。具体的には、現在韓国はUPOV（植物新品種保護国際条約）の完全適用に向けての10年間の移行期間中にあり、日本に比べて保護対象作物の範囲が狭いのです。例えば、韓国では、いちごは未だ商標登録の対象に含まれていません。FTAを機に韓国のUPOV完全適用を前倒しして、一気に両国のレベルを揃えることを要請できると考えられます。

4）迂回輸出の防止問題

日韓FTAでは、中国や北朝鮮産品の韓国を経由した日本への迂回輸出に対する懸念の声があります。FTAの増加によって様々な原産地規則が錯綜し、貿易が阻害される「スパゲティ・ボウル現象」を緩和する視点からは、可能なかぎり前例に近く、かつ簡素なルールが望まれます。日韓、日タイFTA等では、関税分類変更を認める関税コードの桁数（日本はHS4桁、タイは6桁を主張）、付加価値基準のパーセンテージ（日本60％、タイ40％を主張）等に関する両国の提案にはまだ開きがあります。

(4) 日韓FTA成立、そしてアジアの連携強化に向けての必要な枠組みと展望

1）包括的で完成度の高い経済連携協定

欧州圏や米州圏が統合を深化・拡大していく中で、日本がアジア諸国との政治・経済連携を強める必要性は高まっています。日韓FTAの産官学研究会の韓国側議長は、「韓国でとれたコメは日本でとれたものと思ってくれませんか」という趣旨の発言したこと

があります。これは、「一国にかぎりなく近づく」ならFTAを認めるというGATT24条の究極的な意味合いに合致する方向です。その場合、農産物をめぐる競争も国家間の輸出入というより、産地間競争の範囲の拡大という捉え方になります。韓国にも、それだけの決意があるのであれば、最も経済条件が類似しGDP規模も大きい日韓両国ができるかぎり包括的で完成度の高い経済連携協定を結ぶことは、アジアの連携強化をリードする第一歩として極めて重要であり、また、両国のアジア、そして世界における政治的・経済的交渉力を向上させるものと期待されます。

　そのためには、サービスや人の移動の自由化に関する日本の対応が再検討される必要がありましょう。人の受入れは国民的な合意が必要な大きな社会問題であるにもかかわらず、所管官庁のかたくなな対応にまかされたままで、十分な国民的議論が行われていません。農業分野については、日韓FTAは、日本にとっても韓国への農産物輸出拡大のメリットがあるという楽観論もありますが、生産費レベルでみるかぎり、韓国が優位にあるのは確かです。しかし、すでに関税の低い野菜等の品目は、特に距離も近い韓国、中国との「共通市場」の中で競争しているというのが実態です。両国にとってセンシティブで関税が高い品目は、農家への影響が大きいのみならず、貿易を歪曲する可能性の高い品目でもあり、世界的な経済厚生の観点から、こうした品目の取扱いには慎重を期しつつ、できるかぎり多くの農産物を日韓FTAに組み込む努力がなされる必要がありましょう。そのためには、FTAに何を含めるかのポジティブ・リストでなく、お互いに何を除外するかを出し合うネガティブ・リスト方式に近い形で議論が行われることに

なるでしょう。

2) 日韓、そしてアジア共通農業政策の可能性

　日韓の一層の共通市場化を念頭におく場合、農業政策も統一的に調整していく必要性が生まれます。端的には、日本のみがコメや生乳の生産調整を行うというのはおかしくなってくるという側面が一つです。EU統合の手法は、日韓の、そして今後の、より広域のアジア圏の経済連携強化に向けての農業の取扱いを検討する上で参考になります。例えば、イギリス農業とイタリア（特に南部）やギリシャ農業には大きな生産性格差がありますが、各国の多様な農業は生き残っています。これは、イタリアのスローフードに象徴されるような地域の食材、地域の食生活を大事にする民族性（アマルフィー海岸の世界遺産の棚畑は圧巻）により価格以外の差別化が可能であるという要因もあると考えられますが、EU全体における共通農業政策に基づく条件不利地域への補償措置がうまく機能しているということも見逃せません。将来の日韓共通市場、そしてアジア経済圏でも「共通農業政策」を構築することが、競争条件の大きく異なる農業の「共存」に一つの可能性を与えます。FTAの産官学共同研究会の報告書等では、しばしば「両国の多様な農業の共存」が唱われます。響きは心地よいのですが、よほどの対策が採られないかぎり、それはお題目にしかなりません（日韓FTAの報告書では最終的に「共存」の文言は削除されました）。全体としての補償機能を検討する必要があります。日本が積極的にそういう構想を提案すべきでしょう。その中で食料安全保障も日本という国内だけでなく日韓、そしてアジア経済圏の域

内全体で検討していくこともできます。日本がWTO交渉との関連ですでに提案している「アジア食料備蓄構想」は、すでにそうした視点を取り入れたものとみることもできます。コメ等の生産調整を緩和し、栄養不足人口の減少に貢献するため、国内消費を上回る分は備蓄機構に供出していくようにすれば、日本の自給率向上にも役立ちます。

3）適正で安定した域内の為替システムの構築

日韓、そしてその他のアジア諸国と日本との農産物生産費の大きな格差は為替レート水準の妥当性とも関連します。今後、アジア経済圏において、為替レートが適正な水準で、かつ安定的に維持されるようなシステムが構築されることが望まれます。為替や金融システムの調整は、FTA全体のパフォーマンスを確保する上で不可欠の課題です（原、2003参照）が、日韓FTAの共同研究会では、こうした点についての議論はほとんどなされませんでした。そもそも、日本の主管官庁は一度も会議のテーブルにも着かなかったように思います。こうした点でも日本側の対応の改善が望まれます。

4）FTAに対応した日本の国内農業政策の問題

日本の農業政策は、従来、長らく価格支持政策を重要な柱の一つとしてきましたが、近年、「価格は市場で、あとは収入変動リスク緩和対策のみ」という方針での農政転換が大きく進められました。日本は、価格支持政策に決別した点では、いまや世界で最も農業保護削減に積極的な国です。それは、UR合意で約束された国

内支持合計額（AMS）の削減目標の達成状況にも端的に示されています。日本は達成すべき額（39,729億円）の19％の水準（7,478億円）にまで大幅に超過達成しています。コメや牛乳の支持価格をほぼ廃止したからです。一方、米国は、約束額（20,587億円）を100％としたときに88％（18,172億円）まで、やや超過達成した程度です（しかも、米国のAMSは、本来含められるべきものが算入されていないため、実際の額の半分に満たないAMS額が通報されていて、表に出ない保護措置も温存されています）。AMS額は、もはや絶対額でみても、農業総生産額に対する割合でみても、日本（8％）の方が米国（9％）よりも小さいのです。我が国の保護削減は内外価格差部分をAMS算定から外した形式的な結果だという見方もありますが、それは価格支持をやめたからこそできたのであり、いまも価格支持制度を維持している米国やEUとの違いは大きいのです。

　日本の問題は、国内市場が自由化され、過去3年間の価格を基準にして収入変動を緩和するだけで、下支えとしてのセーフティ・ネットが存在しないため、高関税がなくなると、価格の下落が、そのまま農家を直撃してしまうということです。つまり、センシティブな品目さえも、関税以外の措置がほとんどなくなってしまって、関税に頼らざるを得なくなっていることが問題なのです。

　例えば、米国のコメならどうでしょうか。日本のコメ価格水準を使って、米国のシステムをみてみると、結局、農家が国際価格水準5千円／俵で販売しても、目標価格1.8万円／俵の差額が、マーケティング・ローンないし融資不足払い、固定支払い、通常

の不足払い、という3段階で、政府から農家に支払われます。見かけ上国内政策ですが、実質的に大きな輸出補助金でもあります。

　関税を削減した場合には、日本にも、こうした内外価格差補填が必要です。原論的には、国境措置を行わず、市場価格を下げて、農家に何らかの名目で不足分を直接支払いする方が経済厚生のロスは小さいのは自明です。しかし、その実現可能性は財政負担の大きさにかかっています。例えば、国境を完全開放して直接支払いで現状のコメ生産を維持しようとしたら、ざっと試算しても（26-7）万円×900万トン＝1.7兆円の財政負担が生じますが、日本の国家財政がこうした対応に耐えうるでしょうか。

　内外価格差はどこまで縮小すべきなのか、どこまでできるのでしょうか。それは技術の格差か生産資材が高いからか。どこに原因があるかを詳細に究明し、努力で埋められる格差とそれでも残る格差を分けて考える必要があります。関係者の努力で埋めるべき海外との競争力格差と、それでも残る格差を埋める有効なセーフティ・ネット政策の提供をセットとして、今後の日本農業の発展ビジョンが示される必要があります。その場合、現行のコメ型の「経営安定対策」は、過去3年間の価格を基準にして収入変動を緩和するだけで、下支えとしてのセーフティ・ネットにならないことに留意する必要があります。支払いの名目はともあれ、農家の再生産確保の観点から計算された目標価格と市場価格との差額が補填されることを実質的算出基礎とした直接支払いの具体像が提示される必要があります（この具体像については「補論」を参照して下さい）。

6. 要約と結論

(1) 当面のやむを得ない選択としてのFTA

　まず、私たちは歴史を振り返る必要があります。WTO（世界貿易機関）の前身であるGATT（関税と貿易に関する一般協定）は、1929年の米国大恐慌を発端に始まった世界のブロック化と関税引上げの報復合戦、そして最終的にそれが第二次世界大戦を招いた反省から、戦後の1947年に、どの国にも無差別に、相互・互恵的に関税その他の貿易障壁を低減し、多角的に世界貿易を拡大することを基本的精神として設立されましたが、歴史は皮肉なもので、そのWTOの行き詰まり感の中で、FTA（自由貿易協定）締結交渉が活発化し、世界は再び急速にブロック化に向かい始めたのです。したがって、FTAの増加による世界のブロック化は、歴史を振り返ると不安な要素を抱えていることを忘れてはなりません。

　農産物には、国家安全保障、地域社会維持、環境保全等といった多面的機能があることを考慮すると、各国が一定水準の農業生産を確保する必要があり、WTOであれ、FTAであれ、そのような外部効果を考慮せずに農産物の貿易自由化の利益を単純に肯定することはできないという特質があります。したがって、貿易自由化を強く推進するというWTOもFTAも、そのまま無条件にそれを農業に適用できない点では同じです。その点をまず踏まえた上で、WTOとFTAを比較した場合のFTAのさらなる問題点を考えてみると、それは、FTAの持つ「差別性」に起因する弊害です。

　FTAは、世界的にみた競争力の関係からは起こり得ないような

歪曲された貿易の流れを生じさせます。端的な例は、米国がNAFTA（北米自由貿易協定）ではメキシコに対して乳製品をゼロ関税にしてメキシコへの輸出を伸ばし、米豪FTAでは自国より競争力のある豪州に対して乳製品を除外したことが挙げられます。こうした行動は貿易転換（効率的な生産国からの輸入が非効率な生産国のそれに置き換わってしまう）効果を大きくし、その結果世界の経済厚生（経済的利益）は低下する可能性があります。

しかし、当面、(1)FTAの「ハブ」（結節点）になった国（シンガポール、メキシコ）とFTAを結んでいないことにより失う利益の大きさ、短期的視点だけでなく、長期的にみても、(2)欧州圏や米州圏の統合の拡大・深化に対する政治経済的対抗力としてのアジア経済圏の結合強化の必要性は否定し得なくなりつつあります。

つまり、FTAの是非の判断基準として、①世界全体の経済厚生（経済的利益）、②自国及び域内国の「国益」がありますが、FTAの「差別性」による①世界全体の経済厚生に対する弊害を最小化しつつ、また、農業に特有の重要性を勘案しつつ、②自国及び域内国の「国益」を追求せざるを得ない「背に腹代えられぬ」状況のように思われます。

(2) メキシコとの大筋合意とアジア諸国とのFTA交渉のポイント

メキシコとのFTAは、日本にとっては、はじめて農産物を実質的に取り込んだFTAの成立といえます。今回の合意は、農業を含めたFTAは十分に可能だということを示しました。これを踏まえて、今後の韓国や東南アジア諸国とのFTA交渉で留意すべきポイントを整理しましょう。

1）低関税品目は含め、センシティブ品目を守る戦略

　実は、日本の農産物の平均関税は12％とすでに低く、米、乳製品、肉類など最もセンシティブな品目を除けば、他の多くの農産物関税は高くありません。相対的に低関税の品目を簡単に切り捨てていいということにはなりませんが、今回のメキシコとのFTA交渉で採られた方針が今後の韓国や東南アジア諸国との交渉でも基本方針となるでしょう。つまり、すでに関税が低く競争にさらされている多くの品目は関税撤廃に応じ、残されたセンシティブな品目を守るということです。つまり、例外がつくりやすいという点では、WTOよりもFTAの方が対応しやすい側面もあります。

2）センシティブ品目を除外すべき根拠

　メキシコとのFTAで焦点となった豚肉は、韓国とのFTAでも、韓国側が日本に輸出を増やせる可能性の高い戦略品目に挙げています。そこで、韓国にのみ差額関税制度を含めて輸入自由化した場合の他の国々への影響を試算してみると、韓国のみが利益を得ますが、輸入国の日本及び他の輸出国の経済厚生（経済的利益）は低下し、世界全体としても、経済的利益は195億円のマイナスとなることがわかりました。かりに、韓国への有利な条件の提示を低め、差額関税は残し、基準価格を超える部分についての4.3％の関税を免除する20万トン枠のみの提供にすると、他国の不利益はかなり緩和され、世界全体としての不利益も格段に緩和されます。

　つまり、現状の国境措置が大きい場合には、それを、FTAを締結した一国のみに自由化すると、差別待遇の程度が最大化され、その他の国の不利益が大きくなり、貿易を大きく歪曲することに

なります。すなわち、現状の国境措置が大きい品目は、例外にするか、自由化の程度を小さくするという措置を採らないと世界全体として経済厚生が低下したり、輸出市場を失う国々からの反発が強まることになることをこの試算結果はよく示しています。また、通常、輸入国日本は、農産物関税を低めれば、生産者の利益は損なわれても、消費者の利益がそれを上回り、国全体としては利益になると考えられがちですが、必ずしもそうではないこともこの試算が示しています。センシティブ品目を除外することは、生産者のためだけでなく、日本全体の「国益」、さらには域外国の「国益」に合致しているのです。

3）協力と自由化のバランスの中身——コメ、砂糖、鶏肉、デンプンの行方

　東南アジア諸国とのFTAでは、「協力と自由化のバランス」がキーワードになっています。とりわけ、東南アジア諸国の中でも我が国への最大の農産物輸出国であるタイは、早くから、コメ、砂糖、デンプン、鶏肉を最重要関心品目として挙げつつ、「協力と自由化のバランス」を強調しています。これは、日本の農家に迷惑をかけず共存共栄したいと表明しつつ、日本がタイ農村の貧困解消と農業発展に協力をしてくれるなら、コメ、砂糖、デンプン、鶏肉の関税撤廃を緩和する用意があるというものです。一見、理想的で柔軟な姿勢に見えるし、確かに、一方的に打撃を与えるような関係でなく、一致協力して両国の農業発展に資することは重要です。

　しかし、注意すべき点が二つあります。一つ目は、タイがいう

関税撤廃の緩和の内容です。それは、タイが豪州とのFTAでタイの乳製品の関税撤廃期間を20年としたような関税撤廃までの期間を長期にするということで、あくまで完全例外は認めないとの基本的立場をとっている点には注意が必要です。

　もう一つは協力の中身です。タイにかぎらず東南アジア諸国が日本に期待している「協力」の中身は、要は「資金援助」です。「協力と自由化のバランス」というのは、日本が金銭的援助をどれだけしてくれるかで、自国の工業品の関税撤廃をどれだけ日本に提供するか、あるいは、日本の農産物の関税撤廃を緩やかにしてあげてもよいか、の判断をするから、まず日本がその額を示せ、という姿勢です。日本がどれだけお金を出せるかにかかっているのです。

4) 低関税品目の影響にも注意

　なお、相対的に低関税の品目を簡単に切り捨てていいという傾向にも注意が必要です。野菜等はすでに韓国や中国との「産地間競争」に突入している産品であり、かなりの品目の関税はすでに3％程度まで低下しています。しかし、すでに関税が低いから影響はないというのは乱暴であり、これらについてもその影響を慎重に分析する必要があることを忘れてはなりません。

5) 日本農産物の輸出可能性 ── 先方から要請に対応するだけでは防戦のみになる

　今回のメキシコとの交渉では、メキシコからの500品目の要求品目リストにどう対応するかに追われるだけの展開になりました。

戦略的な交渉を行うには、農畜産物についても、我が国がどうしたいのか、何を除き、何を含めたいか、をはっきり示し、相手が日本の要求への対応に追われるような状況をつくれるように、我が国からも農畜産物についての取扱いに関する日本提案、ないし要求リストを率先して提示すべきでしょう。

　それは、日本農畜産物の輸出可能性を探るということでもあります。今後のアジア諸国との交渉については、我が国からの農畜産物輸出も現実性があります。中でも、韓国は、農産物の平均関税は84％と日本の11％を大きく上回っており、緑茶の525％（関税割当枠内は40％）に象徴されるように、韓国の高関税が撤廃されれば、日本、とくに福岡の八女茶のように輸出が期待できるものもあります。韓国はWTOでは、コメの関税化を猶予していますが、コメがかりに日韓FTAに組み込まれた場合、日本の高品質米の輸出がむしろ見込まれるとの見方もあります。

　また、贈答文化が根強い韓国では、高級なくだものは需要があります。吉田ほか（2002）によると、贈答品の１セットの平均価格は、日本が３〜５千円なのに対して、韓国は４〜５万円と高く、贈答用なしは一個900円、りんごは一個660円、干しいたけ240gが4,000円でした。なし、りんご等は、チリとのFTAでも完全除外にされた韓国の最もセンシティブな品目でもありますが、日本からの輸出拡大を考えると、韓国に開放を求めていくことになりましょう。韓国の関税は、なし50％、りんご46％、干しいたけ30％、うんしゅうみかん147.2％（関税割当枠内は50％）となっています。実は、韓国側も、日本の過度の検疫が緩和されれば、韓国のなし、りんごの日本への輸出が拡大できると指摘しており、日韓双方が

お互いに自国に有利と期待しています。

　割高だが安全で高品質の日本農産物・食品に対する需要は、韓国にかぎらず、他のアジア諸国でも増大傾向にあるとの指摘もある中で、韓国やアジア諸国とのFTAを日本農業にとっての新たな市場開拓につなげるという方向もありうるのです。日本にも韓国のなし、りんごを選択する人がいますが、韓国にも日本のなし、りんごを選択する人がいるでしょう。海外からの安さで奪われる市場は、海外における高品質を求める市場に攻めることで埋め合わせるという一種の「棲み分け」の発想も必要でしょう。もちろん、牛乳・乳製品や肉類といった畜産物も例外ではありません。米国は、世界各国における米国農産物の販売促進活動へも多くの公的助成金を出しています。これは、巧妙な隠れた輸出補助金ともいえなくもないのですが、我が国ももっと拡充すべきでしょう。

6）実質的輸出補助金の取扱い

　なお、韓国の生産コストが我が国より格段に低い一つの要因として、例えば、輸出向けのトマトや花き栽培の施設を政府が建設し、農家は施設を無料で使用して生産できるといったシステムが存在します。これは生産補助金ですが、実質的には輸出補助金ともいえるものです。タイも日本に関税撤廃を要求している砂糖をはじめ実質的な輸出補助金で農産物輸出拡大をしています。

　FTAで一つ曖昧にされている点として、ダンピング輸出を可能にする実質的な輸出補助機能を有する措置へのFTAにおけるルール化の問題があります。NAFTA（北米自由貿易協定）では、米国の穀物のダンピング輸出が実質的に許されていることに対して、

最近、メキシコ側が協定の見直しを求める事態に発展しました。関税をゼロにするのに輸出補助金は実質野放しというのは確かにおかしな話です。こういう視点からすると、韓国やタイの輸出促進的な補助金政策は、その是非について議論の余地があります。

7）人の移動の問題

　実は、今後のアジア各国とのFTAで困難な課題は必ずしも農業ではありません。サービスやそれに伴う人の移動の自由化はアジア各国が日本とのFTAに期待している大きなポイントです。具体的には、韓国やフィリピンから看護師、タイからマッサージ師を派遣したいといった要望がありますが、日本側の主管官庁は、まったく聞く耳も持たない対応をしています。アジアとのFTAの最大の障害は実はこのあたりにあります。人の受入れは国民的な合意が必要な大きな問題であるにもかかわらず、所管官庁のかたくなな対応にまかされたままで、十分な国民的議論が行われていません。

　ところで、農業サイドで考えてみると、韓国との生産費比較でも明らかなように、人件費の格差が日本農業とアジア諸国の農産物生産費格差を大きくする最大の要因となっています。つまり、労働力がより自由に移動できるようになれば、アジア各国からの労働力により、日本農業の競争力が強化できる可能性があります。したがって、FTAによる人の移動の自由化を積極的に活用することで日本国農業の担い手不足解消と競争力強化を図るという選択肢もありうるのです。これは、すでに実態的に進みつつある状況の法的・制度的な公的追認の側面もあり、それによって受入れが

きちんとした形で促進されることが期待されます。

8）報道に対する疑問――データに基づくオープンな議論の必要

なお、今回のメキシコとの大筋合意で、メキシコ側が鉄鋼や自動車の日本からの開放要求を拒むために、あるいは鉄鋼や自動車開放の交換条件として、日本の農産物への開放要求を大きくして対抗していたこと、日本側の鉱工業品分野でも皮革の開放を拒否し続けてきたこと等が明らかになり、これまでなされた我が国の農業分野の抵抗で国益が損なわれているといった報道がいかに一面的であったかも見えてきました。なぜ、もっと早い時点から交渉の全体像が正確に伝えられなかったのか、疑問が残るところです。

それにしても、新聞紙上等では、「農業が障害になってFTAが進まない」と頻繁に批判を受けました。極めつけは、昨年のメキシコとのFTA交渉決裂を受けての小泉総理の「農業鎖国は許されない」との発言でした。大半の農産物の関税はすでに低く、世界で最も自給率が低い最大の農産物輸入国が「鎖国」とは、まったく事実に反するのは確かですが、それにもかかわらず、「農業サイドの抵抗で国民の利益が失われている」といった認識が広がれば、日本農業にとって必要な対策さえも国民の理解を得られなくなる危険があります。

なぜこうなるのでしょうか。誤解が生じるのは説明が不足しているということです。FTAの中で農畜産物をどう位置づけるかについての戦略・方針をきちんと関係者及び国民に説明し、必要な対策を議論し理解を得るべきであり、なし崩し的に譲歩していく

形は、農家等の農業関係者には不安を増幅し、農外の人々には農業の抵抗を印象づけてしまうことになり、二重の意味でマイナスです。農水省も努力していますが、農業サイド全体でデータに基づくオープンな議論を早い段階から農業関係者はもちろん、農外の人々とも、相手国とも行うべきです。今回のメキシコとの交渉でも、方針ははっきり示されず、なし崩し的譲歩を続ける交渉の印象を持った人々が多かったことは反省点の一つでしょう。

9）まとめ

　農畜産業分野については、我が国の多くの農畜産物関税はすでに低く、野菜等の品目は、特に距離も近い韓国、中国との「共通市場」の中で競争しているというのが実態です。例外がつくりやすい点では、WTOよりFTAの方が対応しやすい面もあります。メキシコとの交渉でも示されたように、すでに関税の低いものは、ある程度やむを得ない（ただし、影響を分析する必要有り）とした上で、センシティブで関税が高い品目は最小限の対応にとどめる方向が基本になります。高関税品目を例外にすることには、経済学的にも正当な理由があります。つまり、それは自国農家への影響が大きいのみならず、豚肉の試算でも明らかなように、高関税品目を特定国にのみ自由化することは、貿易歪曲を最大化し、輸入国である日本の「国益」（消費者・生産者を含めた総利益）も減少する可能性も含めて、世界的な経済厚生（経済的利益）を低下させる可能性が高いということです。こうした品目の取扱いには慎重を期しつつ、日本が輸出拡大を期待できる品目も検討し、日本からも農畜産物のうち例外とすべきもの、組み込むべきもの

(即時関税撤廃か、どのようなタイム・スケジュールで組み込むかを含めて)について日本の確固たる方針を積極的に提案していくことが、双方にとって有益で納得できる交渉成果をもたらすでしょう。

参考文献
安達英彦「世界のブロック化と経済厚生に関するクルグマン・モデル」鈴木宣弘編『FTAと食料―評価の論理と分析枠組―』筑波書房、2005年。
安英配「日韓及び日韓中FTAのコメ貿易への影響」鈴木宣弘編『FTAと食料―評価の論理と分析枠組―』筑波書房、2005年。
Choi, Sei-Kyun, "Effects of Korea-Japan FTA on the Korean Agricultural Sector: Evaluation and Strategy," Seoul: Center for Agricultural Policy, Korea Rural Institute, 2002.
原洋之介『展望・東アジア共同体―経済制度の調和がカギ』日本経済新聞・経済教室、2003年12月8日、p.25。
服部信司「FTAをめぐる問題と課題―日・タイFTAを中心に―」『農村と都市をむすぶ』No.624、全農林労働組合、2003年、pp.28-39。
堀口健治・福田耕治『EU政治経済統合の新展開』早稲田大学出版部、2004年。
古川宏治「GATT24条の解釈をめぐって」鈴木宣弘編『FTAと食料―評価の論理と分析枠組―』筑波書房、2005年。
Honma, Masayoshi, Agricultural and Fishery Issues on Japan-Korea FTA, 2003.
Japan-Korea FTA Joint Study Group, *Japan-Korea Free Trade Agreement Joint Study Group Report*, October 2, 2003.
外務省『北米自由貿易協定(NAFTA)の概要』、2003年6月。
加賀爪優「停滞するWTOと錯綜するFTAの下での農産物貿易問題」『農業と経済』2003年10月号別冊、pp.48-63。
Kaiser, H. M., *Free Trade Agreements and the United States Dairy Sector*, 2003.
川崎賢太郎「GTAPモデル及びCGEモデルの解説」鈴木宣弘編『FTAと食料―評価の論理と分析枠組―』筑波書房、2005年。
川崎賢太郎「GTAPモデルによる日タイ及び日韓FTAの分析」鈴木宣弘編

『FTAと食料―評価の論理と分析枠組―』筑波書房、2005年。
金慈景・豊智行・福田晋・甲斐諭『韓国における施設野菜の成長と農家の経営分析』2003年度九州農業経済学会大会個別報告資料、2003年。
木村福成『国際経済学入門』日本評論社、2000年。
木村福成・安藤光代「自由貿易協定と農業問題」『三田学会雑誌』95巻1号、2002年4月、pp.111-137。
木村洋一「NAFTA（北米自由貿易協定）が農産物貿易に与えた影響」『農林統計調査』2003年5月、pp.18-26。
木下順子・永田依里「東アジアにおける生乳自由貿易の影響分析」鈴木宣弘編『FTAと食料―評価の論理と分析枠組―』筑波書房、2005年。
小林弘明『わが国農政転換の国際的枠組み―WTO体制への調和、FTAとその影響に関して―』日本農業経済学会シンポジウム報告資料、2004年。
Krugman, P., "Is Bilateralism Bad?" in *International Trade and Trade Policy*, edited by E. Helpman and A. Razin, Cambridge, Mass.: MIT Press, 1991, pp.9-23.
前田幸嗣「FTAのモデル分析」鈴木宣弘編『FTAと食料―評価の論理と分析枠組―』筑波書房、2005年。
前田幸嗣・狩野秀之「FTA効果の空間均衡分析―鶏肉を事例として―」鈴木宣弘編『FTAと食料―評価の論理と分析枠組―』筑波書房、2005年。
中本一弥『FTAにおける貿易転換効果と農業』九州大学卒業論文、2004年。
永岡洋治「国内生産調整政策一辺倒から世界に目を向けた政策へ」『Dairyman』2004年3月号、p.30-31。
農林水産省『自由貿易協定を巡る各国との議論の状況と今後の対応』、2003年。
大賀圭治「東アジアにおけるFTAの役割」『食料政策研究』No.116、食料・農業政策研究センター、2003年、pp.8-72。
Panagariya, A., "Preferential Trade Liberalization: The Traditional Theory and New Developments," *Journal of Economic Literature*, Vol. XXXVIII, 2000, pp. 287-331.
坂井真樹「日本をめぐるFTAの動向と課題」『農村と都市をむすぶ』No.624、全農林労働組合、2003年、pp.4-27。
篠原孝「FTAとフードマイレージ」『Dairyman』2004年3月号、p.17。
生源寺眞一「解題―中国の酪農・乳業をめぐって」『中国の酪農・乳業の現状と課題』中央酪農会議、2003年、pp.9-19。
鈴木宣弘「活発化するFTA交渉と日本農業の選択」『食料政策研究』No.116、食料・農業政策研究センター、2003年、pp.74-136。

鈴木宣弘「日・韓FTAをめぐる動向と課題」『農村と都市をむすぶ』No.624、全農林労働組合、2003年、pp.40-55。
鈴木宣弘「FTA推進の障害は何か？」『世界経済評論』2003年12月号、pp.31-37。
Suzuki, Nobuhiro, *Free Trade Agreements and Agriculture in Asia*, Paper presented at JICA-JDS Joint Faculty Seminar, Graduate School of Management and Public Policy, University of Tsukuba, December 19, 2003.
田代洋一『WTOと日本農業』、筑波書房、2003年。
堤雅彦・清田耕造『日本を巡る自由貿易協定の効果: CGEモデルによる分析』JCER Discussion Paper No.74, 2002年2月。
浦田秀次郎編『日本のFTA戦略』日経新聞社、2002年。
山本康貴「ニュージーランドの酪農制度改革とFTA戦略」、『酪総研』2003年6月号、pp.2-3。
山下一仁『国民と消費者重視の農政改革』東洋経済新報社、2004年。
吉田行郷・足立健一・武田裕紀『韓国の食品市場実態調査報告書』、2002年。
図師直樹『牛乳の商品特性に対する消費者評価分析』九州大学卒業論文、2004年。
図師直樹・中本一弥「Kemp-Wan-Vanek-Ohyamaの定理をめぐって」鈴木宣弘編『FTAと食料―評価の論理と分析枠組―』筑波書房、2005年。

［付録］ブロック化の弊害

　Krugman（1991）は、世界が3ブロックになったときが最も経済厚生が悪化する可能性を示しました。欧州圏、米州圏、アジア圏を連想させます。ただし、Krugman（1991）では、形成されたブロック間で最適関税を課すことができるという前提で試算されており、これはブロック外に対して従来よりも障壁を高めることを認めないというGATT24条の要請に合致しない場合が生じると思われます。ブロック化によるプレイヤーの減少に伴い、世界市場が不完全競争的になると仮定すれば、最適関税どころか、極端に言えば、関税がなくとも、世界の経済厚生は悪化する場合があります。いま、世界が二つのブロックになり、各ブロックには一生産物のみを生産するCournot生産者が一戸ずつあり、ブ

ロック間の関税、輸送費はnegligibleとします。
　　　ブロック1の需要関数　　　　　D1＝1530−17P1
　　　ブロック1の逆限界費用関数　　S1＝155＋33MC1
　　　ブロック2の需要関数　　　　　D2＝850−20P2
　　　ブロック2の逆限界費用関数　　S2＝25＋40MC2
　　　D1＝X11＋X21, D2＝X12＋X22, S1＝X11＋X12, S2＝X21＋X22
　ここで、D：需要量（万トン）、P：価格（万円／トン）、S：供給量（万トン）、Xij：ブロックiからjへの出荷量（万トン）。ブロック1の生産者の最適条件はMR11＝MR12＝MC1、ブロック2の生産者の最適条件はMR21＝MR22＝MC2（ここで、MRijは生産者iの市場jにおける「主観的（perceived）」限界収入）。これらを同時に満たすCournot-Nash均衡解は、
　　　90−(2X11＋X21)／17＝42.5−(2X12＋X22)／20＝(X11＋X12−155)／33
　　　90−(X11＋2X21)／17＝42.5−(X12＋2X22)／20＝(X21＋X22−25)／40
　を解いて、X11＝431.9、X12＝191.4、X21＝425.1、X22＝183.4、P1＝39.6、P2＝23.8
　このとき、MR11＝MR12＝MC1＝14.2, MR21＝MR22＝MC2＝14.6.転送は生じないものとすれば、ここでは、同質商品のダンピング（P1＞P2）を伴う双方向貿易が生まれます。完全競争を前提にすると起こりえない貿易が不完全競争を仮定すれば簡単に説明されます。ブロック化によって競争的世界市場が、このような市場に変わるとすれば、経済厚生の悪化は明らかです。

補論　FTA進展下のコメ政策改革試案

1．はじめに

　WTO（世界貿易機関）の農産物貿易交渉やFTA（自由貿易協定）締結交渉が進む下で、コメの国境措置削減に対する内外からの圧力が強まっています。このため、コメの関税削減の進行に備えた農業政策の見直しが進められています。コメ関税の削減が進行すれば、次第に輸入米価格が日本の国内価格を規定するようになり

ます。これは、生産調整により価格を維持しようとしても、輸入米に市場を提供するだけになる可能性も意味します。こうした中で、我が国の水田農業の崩壊、農村地域社会の崩壊、国家安全保障を脅かすコメ自給率の低下を食い止めることは可能なのでしょうか。

そのための政策の基本的方向性として、稲作農家が再生産を確保できるように、下落するコメ市場価格とコメ生産費の格差を財政からある程度補填（直接支払い）しつつ、国際競争に耐えうるようなコメ生産構造実現に向けての構造改革のスピード・アップが必要とされています。その具体的な政策見直しのキー・ワードは、「品目横断型」、「プロ農家への施策の集中」、「ゲタとナラシ」です。

しかし、まず認識すべきことは、構造改革をスピード・アップするといっても、我が国の資源賦存条件からして新大陸並みのコストが実現できるというのはおそらく幻想にすぎないということです。ということは、コメ自給率の低下を食い止めるには、コスト削減には努めるけれども、相応の財政負担が欠かせないことになります。この財政負担が稲作所得の下支え機能を果たすためには、関税が下がるにつれて補填額が拡大していく必要がありますが、それは、次第に財政負担が膨らんでしまうことを意味します。財政負担の許容限度を考えると、関税引き下げにも許容限界があることがわかります。つまり、稲作継続に必要な最低限のコメ手取り価格、ナショナル・セキュリティからみたコメ自給率低下の許容限度、財政負担の限度、構造改革の進捗度合、関税引き下げの程度といったものが密接な相互依存関係にあり、それら全体を

システムとして一体的に考慮した上で、政策装置が仕組まれる必要があります。

そこで、政策見直しのキー・ワード、「品目横断型」、「プロ農家への施策の集中」、「ゲタとナラシ」を再検討した上で、全体のシステムを連立方程式体系にまとめたモデルを用いたシミュレーション分析を行い、関税削減下での具体的なコメ政策選択のあり方を検討しました。

2．いくつかの論点

(1) 品目横断型政策──適切な施策の組合せが必要

まず、「世界の潮流が品目横断政策になっており、WTO整合的にするにはそれしかない」ように言われていますが、それは必ずしも正しくありません。EUも従来はずっと品目別政策を実施してきており、今回はじめて品目横断型政策を打ち出したところです。また、支持水準は引き下げられてきているものの、EUが買入れする個別品目ごとの支持価格も存在しています。米国の固定支払いも、品目ごとに異なる単価を用いていますが、特に、「復活不足払い」は過去の作付面積を基準にしていますが、品目ごとに、目標価格（固定）とその年の市場価格との差額を伸縮的に補填する制度であり、厳密な意味で作物にかかわらず10a当たりの経営収入を補填するものではありません。要するに、作付面積に数年前の数字を使うことで形式を整えているのです。また、米国の融資単価による政府買入れ（「質流れ」）に基づく価格支持、あるいは、ローン・レート（融資単価）を下回って販売した場合の差額補填

（融資不足払い、マーケティング・ローンの返済免除）も品目別政策です。

つまり、我が国にありがちな全面的に一つの流れに猛進するような硬直的な発想ではなく、必要に応じて違う視点の政策も組み合わせるという柔軟な思考が必要なように思われます。

(2) プロ農家への施策の集中――制度が利用者を「選別」すべきでなく利用者が制度を「選択」すべき

各個人の判断で制度を利用するかしないかを選択できるのが民主主義的ルールとすると、支払いの対象を大規模層に限定するというように、制度が利用者を選別するのは公正な仕組みとはいえません。財政負担が大きくなるから対象を絞るという発想は本末転倒です。制度が対象を選別するのではなく、農家が制度を活用するかどうかを選択でき、結果的に必要とする農家に財源が配分されれば、財源も節約されるという仕組みが理想的です。

諸外国でも、低所得層への配慮から、小規模層に限定した「頭切り」制度はあります（一例は、米国で新設された飲用乳への不足払い制度）が、「足切り」制度は一般的ではありません[注]。日本では、大規模層の方が逆に低所得層なのだという論理はありますが、そう厳密に区切れるわけではありません。例えば、退職した高齢夫婦世帯の小規模稲作が高所得なわけがありません。「やる気のある農業者」を認定農業者であるかどうかや経営規模で線引きすることは技術的に不可能です。また、そのために制度が複雑化すれば行政コストがかさみます。

（注）ただし、フランスが1960年から主業農家や青年農業者に政策対象を限定する等の強力な構造政策を実施した後に68年からCAPによる高価格政策を導入することで繁栄を築いたのと、構造政策を実施する前に高価格政策を導入してしまった日本とでは直接支払いの仕組み方も違ってしかるべきとの指摘もあります（山下、2004）。また、フランスの条件不利地域直接支払いは3ha以上、主業農家でかつ65歳未満等の「足切り」があります（山下、2004）。

(3) 「ゲタ」と「ナラシ」では下支え（セーフティ・ネット）にならない

今後の政策検討の中で、農家の収入について、「ゲタ」と「ナラシ」で支援するという考え方があります。価格で考えると、固定的な「ゲタ」というのは、例えば、10円／kgであれば、価格が下落したとき、10円が上に乗っているだけで、パラレルに下落してしまい、下支えになりません。「ナラシ」は、文字どおり変動をならすだけですから、趨勢的に価格が下落していくときには下支えになりません。つまり、両者を組み合わせても、下支えとしてのセーフティ・ネットが欠落しています。

したがって、固定的な目標価格と市場価格との格差を伸縮的に補填する仕組みにするか、あるいは、面積当たりいくら、というような固定的な支払いをするとともに、先述の米国のローン・レート（融資単価）制度のような形で、これ以下には下がらない水準を担保する仕組みを組み合わせる必要があると考えられます。

私は、以前から、米国のローン・レート制度の導入を提案しています（鈴木、2000）。例えば、コメについて1.2万円／60kgで短期融資し、「質流し」してもよい、という制度なら、1.2万円でも政府に質流ししたいと判断する経営はそうするでしょうし、多くの

飯米農家は自家消費や縁故米で処理するから、この制度を利用しないでしょう。つまり、対象を絞らなくても、生産者自らの選択で、結果的には、必要な者だけに財源が配分され、財源を節減できるのです。制度はこうした仕組み方が理想的です。なお、政府に質流れした在庫は援助米として、日本が提案して試験的に動き出した「アジア穀物備蓄機構」にODA予算で拠出・管理して、世界の8億5千万もの栄養不足人口の減少のために、機動的に貢献することが考えられます。

また、米国で行われているように、「質流し」でなく、①融資単価より低く販売した場合には、販売価格と融資単価との差額が返済免除されるマーケティング・ローンや、②融資を受けていない人も、融資単価を基準にして、それより低く販売した場合には、融資単価との差額が支払われる仕組みが付け加わり、それらの活用が増えれば、融資単価は市場価格をその水準に誘導する支持価格の役割ではなく、市場価格との差額を不足払いするための目標価格としての役割が大きくなってきます（手塚、2004）。

我が国の現行の「集荷円滑化対策」はローン・レート制度に形式的には似ていますが、融資単価が3,000円では、低すぎて意味を持ちません。米国の融資単価は、コメ農家の（物財費＋雇用費＋支払い利子）をカバーする水準にはありました（磯田、2004）。つまり、米国の融資単価は、最低限実際に支払った費用がまかなえる米価水準として設定されています。

3,000円はタイ米の輸入価格水準であり、米国でいえば、マーケティング・ローンの返済単価水準です。米国では、融資単価を1.2万円とすると、国際価格水準3,000円で販売すれば、3,000円だけを

返済すればよく、差額9,000円（実質的輸出補助金）が支払い免除されます。我が国でも、融資単価1.2万円、返済単価3,000円とするなら、輸入代替米価ないし輸出米価が可能となります。

3．シミュレーションから得られる示唆

　ある程度のコメ関税削減を前提にして、我が国の水田農業、農村社会、コメ自給率が維持されるために必要な政策は何でしょうか。①品目横断型のみに固執せず、適切に政策を組み合わせる、かつ、②制度の活用は農家が選択すべき（制度が対象を絞るべきではない）との観点から、現行程度の生産調整、対象を限定しない品目横断型のゲタ（コメ1俵換算で2,000円）・ナラシ（過去3年平均との差額の9割補填）・岩盤（12,000円との差額補填）の組み合わせで、具体的な政策選択を検討しました。

　その結果、生産調整は、関税削減下においても、かなりの長期にわたり農家手取り米価の維持に有効に機能する可能性が示唆されました。しかし、300万戸に近い様々な形態の稲作農家が生産調整に合意するのは容易でない中で、現行のような国、県、市町村、団体が一体となって、選択制とはいうものの、上からの「強制力」により個々の農家に減反を強いる形の生産調整は限界感が増しています。こうした中で、現行の奨励金等の支出がないと生産調整の維持は困難と考えられますが、奨励金とゲタが合わさると財政負担が大きくなります。

　そこで、生産調整を廃止して、ゲタとナラシで対応するとすると、やはり最低限の農家手取り米価を維持することは困難なことが示唆されます。したがって、ゲタとナラシを前提にするならば、

それに加えて、これ以下には農家手取りを下落させないという岩盤を提供する必要があります。それを12,000円とした場合には、財政負担は減反廃止直後には一時的に大きくなるものの、その後は関税が190％くらいまでは、在庫増の一部はODA予算で人道的支援に活用することを前提にすれば、3,000億円台で推移します。つまり、関税削減の限界を190％程度に定めれば、支給対象を限定するようなことをしなくとも、ゲタ、ナラシ、岩盤の組み合わせで、何とか我が国の水田農業、農村、コメ自給率を最低限維持することが、具体的に可能であることが示唆されます。(詳細は鈴木、2004参照)

参考文献
荏開津典生『農政の論理をただす』、農林統計協会、1987年。
磯田宏「価格・所得政策からみた米政策改革」、農業問題研究学会2004年春季大会報告原稿、2004年3月29日。
村田武『WTOと世界農業』、筑波書房、2003年。
農協共済総合研究所(渡辺靖仁・鈴木宣弘)『農家の経営リスク・家計リスクに関する意識調査(3)結果報告書』、2004年。
鈴木宣弘「コメ生産調整の評価とその代替政策としての余剰米隔離政策の実現可能性」、生源寺眞一編『地殻変動下のコメ政策―川上・川下からのアプローチ―』農林統計協会、2000年、pp.59-90。
鈴木宣弘「コメ改革の政策論理と構造改革の展望」、日本農業経営学会シンポジウム報告原稿、2004年7月16日。
手塚眞『米国農業政策と「償還請求権のない融資」―2002年農業法における「融資単価」の含意―』東京経済大学学会誌239号、2004年、pp.3-29。
山下一仁『農政改革の制度設計―直接支払いと農地・株式会社参入―』RIETI Policy Discussion Paper Series 04-P-007、2004年。
衆議院農林水産調査室(永岡洋治議員勉強会)『農業政策の今後の方向性について(最終案)』(未公表資料)、2004年。

著者略歴
鈴木宣弘（すずき　のぶひろ）

[略歴]
1958年生まれ。東京大学農学部卒業。農林水産省国際企画課、農業総合研究所研究交流科長等、九州大学大学院農学研究院教授を経て、現在は東京大学大学院農学生命科学研究科教授。夏期（7～8月）は、米国コーネル大学客員教授も兼務。食料・農業・農村政策審議会委員。農学博士

[主要著書]
『農のミッション──WTOを超えて』（全国農業会議所、2006年）、『食料の海外依存と環境負荷と循環農業』（筑波書房、2005年）、『FTAと日本の食料・農業』（筑波書房ブックレット、2004年）、『WTOとアメリカ農業』（筑波書房ブックレット、2003年）、『寡占的フードシステムへの計量的接近』（農林統計協会、2002年）など。

筑波書房ブックレット　暮らしのなかの食と農　㉗
FTAと日本の食料・農業

定価は表紙に表示しております

2004年8月30日	第1版第1刷発行
2007年8月31日	第1版第2刷発行
著　者	鈴木宣弘
発行者	鶴見治彦
発行所	筑波書房

〒162-0825　東京都新宿区神楽坂2-19　銀鈴会館内
電話03-3267-8599　郵便振替00150-3-39715
URL　http://www.tsukuba-shobo.co.jp

印刷／製本　平河工業社　装幀　古村奈々＋Zapping Studio
© Nobuhiro Suzuki 2004 Printed in JAPAN
ISBN4-978-8119-0272-2 C0036